Der Einfluss

der

Erwerbs- und Arbeitsverhältnisse

der

Tabakarbeiter auf ihre Gesundheit.

Von

Dr. med. **Thiele,**

Amtsarzt in Varel in Oldenburg.

Sonderabdruck aus der Vierteljahrsschr. f. gerichtl. Med. u. öffentl. Sanitätswesen.
3. Folge. Bd. 45.

Springer-Verlag Berlin Heidelberg GmbH 1913

ISBN 978-3-662-34376-0   ISBN 978-3-662-34647-1 (eBook)
DOI 10.1007/978-3-662-34647-1

Inhaltsverzeichnis.

Der Tabak gehört nächst dem Alkohol zu den verbreitetsten Genussmitteln. Die Form des Genusses hat sich im Laufe der Zeiten verändert. Das Schnupfen ist sehr stark zurückgegangen, auch das Pfeiferauchen hat an Bedeutung verloren. Der Gebrauch von Kautabak findet noch immer seine Liebhaber in Berufen von Leuten, welche bei der Arbeit nicht rauchen können, wie z. B. bei Maurern, Schiffern, Fabrikarbeitern usw. Sehr stark verbreitet ist das Zigarrenrauchen, aber gerade in letzter Zeit ganz erheblich gestiegen ist der Verbrauch von Zigaretten. Eine bedeutende Industrie ist in allen Kulturstaaten mit der Anfertigung der verschiedenen Erzeugnisse aus dem Rohmaterial tätig, und es ist gar nicht uninteressant, einmal die hygienischen Verhältnisse dieser zahlreichen Arbeiterkategorie einer näheren Betrachtung zu unterziehen.

Chemie des Tabaks.

Der für uns wichtigste Bestandteil des Tabaks ist das Nikotin. Der Gehalt an letzterem schwankt erheblich nach Standort, Sorten und Ernten und ist auch innerhalb ein- und derselben auf einer bestimmten Stelle geernteten Partie noch verschieden.

Im grünen Tabakblatt ist das Nikotin nicht frei, sondern in einer unschädlichen Bindung mit organischen Säuren vorhanden[1]). Grüne Tabakblätter werden daher von den Tieren ohne jede Schädigung als Futter genommen. Bei der Trocknung der Tabakblätter findet eine Bildung von Kohlensäure, Wasser und Ammoniak statt, aber erst bei der Fermentation macht sich das Nikotin durch den Geruch bemerkbar und kann bei einem sehr stark verlaufenden Fermentationsprozess ganz

---

1) Nach Nessler, zitiert in „Krankheiten der Tabakarbeiter" von Dr. Stephani in Mannheim. Handbuch der Arbeiterkrankheiten von Dr. Theodor Weyl. S. 631. Jena 1908, Gustav Fischer.

1

von der bisherigen Verbindung mit organischen Säuren freigemacht werden.

Der Nikotingehalt des Rohtabaks bewegt sich zwischen 0,68 und 4,8 pCt. der Trockensubstanz[1]), die dünnen trockenen Blätter enthalten im allgemeinen weniger, während die dicken, saftigen, fettigen Blätter nikotinreicher sind. Bei den schweren Sorten scheint der Nikotingehalt manchmal 4,8 pCt. noch zu übersteigen und bis zu 8 pCt. zu betragen[2]).

Das Nikotin ist in reinem Zustande eine farblose, leicht bewegliche Flüssigkeit, welche bei — 10° C noch flüssig ist. In Wasser, Alkohol und Aether ist dasselbe leicht löslich, an der Luft, besonders schnell im Sonnenlicht wird es braun, dickflüssig und schliesslich harzartig[3]).

Das Nikotin gehört zu den flüchtigen Substanzen und ist daher auch in der Luft von Räumen enthalten, in welchen Tabak aufbewahrt, verarbeitet und getrocknet wird. Diese flüchtige Beschaffenheit, sowie die Wasserlöslichkeit bedingen es, dass der Tabakarbeiter bei den verschiedenen Manipulationen der Wirkung des Nikotins ausgesetzt ist. Dazu kommt noch, dass der eingeatmete Tabakstaub nicht nur mechanisch, sondern auch chemisch wirken kann. An Giftigkeit steht das Nikotin der Zyanwasserstoffsäure kaum nach. Schon die Gabe von 0,003 kann toxisch wirken[4]). Die Verdampfung weniger Tropfen reinen Nikotins macht das Atmen in dem betreffenden Zimmer unmöglich, da die Dämpfe die Schleimhäute stark reizen. In stark verdünnter Lösung auf die Zunge gebracht, verursacht dasselbe ein lebhaftes, kratzendes Gefühl im Rachen.

Interessant ist das Resultat eines Selbstversuches von Dworzak und Heinrich[5]). Nach Genuss von 0,04 g Nikotin stellte sich bei denselben Brennen im Munde, Kratzen im Rachen, vermehrte Speichelabsonderung und ein Gefühl von Wärme ein, welches vom Magen ausgehend sich über die obere Körperhälfte bis in die Fingerspitzen und nach unten bis in die Zehen erstreckte. Danach folgte starke Aufregung, Kopfschmerz, Schwindel, Betäubung, Seh- und Hörstörungen, Beklommenheit, Trockenheit im Schlunde, Kälte an den Gliedern, Auf-

---

1) Dr. Rich. Kissling, Handbuch der Tabakkunde. Berlin 1905. Paul Parey.
2) Nach Nessler, zitiert von Stephani, l. c. S. 631.
3) Kissling, l. c. S. 49.
4) Stephani, l. c. S. 633.
5) Stephani, l. c. S. 633.

stossen, Flatulenz, Erbrechen und Stuhlgang. Die Atmung wurde häufiger und beschwerlicher, die Pulsfrequenz wechselnd. Nach drei Viertelstunden trat bei den Experimentatoren Bewusstlosigkeit, Zittern, Schütteln des ganzen Körpers und mühsame, stossweise Atmung auf. Nach 3 Stunden Abnahme der Erscheinungen mit Zurückbleiben der Schwäche und Schläfrigkeit, welche mit trostloser Stimmung verbunden noch 3 Tage anhielt.

Schon in kleinen Dosen wirkt das Nikotin erregend auf die Vagusendigungen am Herzen und verlangsamt die Herzaktion. Auf das Grosshirn wirkt dasselbe ebenfalls erregend und verursacht tonische und klonische Krämpfe. Grössere Dosen lähmen die Reflexerregbarkeit und töten durch Lähmung des Atmungszentrums.

Nach Versuchen an Kaninchen konstatierte Vas[1]) eine stetige und zwar beträchtliche Abnahme des Hämoglobingehaltes des Blutes, erhebliche Abnahme der Zahl der roten Blutkörper bei gleichzeitiger Vermehrung der weissen, Abnahme der Blutalkaleszenz und des Körpergewichts.

Von weiteren Bestandteilen des Tabaks kommen noch in Betracht das Nikotianin, eine flüchtige, fettartige Substanz, welche nicht in frischen, sondern nur in getrockneten Tabakblättern enthalten ist und wahrscheinlich ein Umsatzprodukt des Nikotins darstellt[2]). Es bedingt mit den angenehmen Geruch des Tabaks, ist weniger giftig, erzeugt aber doch in Dosen von 0,03 Kopfweh, Uebelkeit und Aufstossen und, in die Nase gebracht, Niesen.

Aehnlich wirkt das flüchtige Oel der Tabakblätter.

Als flüchtige Stoffe finden sich ausserdem noch Salpetersäure, Oxalsäure, Gerbsäure, Apfelsäure und Zitronensäure[3]), welch letzteren Stoffe für das Aroma nicht ohne Bedeutung sind, sowie Ammoniak, welches sich beim Trocknungs- und Fermentationsprozess bildet. Der Vollständigkeit wegen seien noch erwähnt Zellulose, Stärkemehl, welches grösstenteils während der Gärung des Tabaks verschwindet, Zucker, Amidoverbindungen, Protein, Pflanzeneiweiss, Pektin, Schleimstoffe, Pflanzenwachs, Farsbtoffe und die Tabakharze.

In der Tabakasche kommen als wesentliche Bestandteile vor Kali, Kalk, Magnesia, Phosphorsäure und Schwefelsäure.

---

1) Stephani, l. c. S. 633.
2) Eulenberg, Handbuch des öffentlichen Gesundheitswesens. 2. Band. 2. Abh. S. 918.
3) Kissling, l. c. S. 49.

Zur Beurteilung der Frage der Gewerbeschädigung durch diese Substanzen bedarf es eines näheren Eingehens auf die Eigenart der Fabrikation der verschiedenen Tabakprodukte.

Die Technik der Fabrikation.

1. Die Rauch- und Kautabakfabrikation.

Die Fabrikation des Rauchtabaks vollzieht sich in folgender Weise[1].

Die trockenen Blätter werden sortiert, mit Wasser besprengt und mit der Hand gut durchgemischt. Darauf wird der Tabak mit Maschinen geschnitten, um hierauf dem Röstprozess unterworfen zu werden. In primitiver Weise, welche auch heute noch in kleinen Betrieben in Gebrauch sein soll, besteht das Rösten darin, dass der Tabak auf einer erhitzten Eisenplatte hin- und hergewendet wird. Dieses unökonomische Verfahren belästigt natürlich durch die dabei entweichenden Nikotindämpfe die Arbeiter in gefährlichem Masse[2]. Da indessen derartige Manipulationen nur wenig Arbeitkräfte erfordern und nur zeitweise ausgeführt werden, so kommt denselben ein weitergehendes hygienisches Interesse nicht zu.

In den weitaus meisten Fabriken Deutschlands sind Röstapparate in Gebrauch, welche aus einer von Heizgasen umspülten rotierenden Trommel aus Eisenblech bestehen und in keiner Weise die Arbeiter belästigen, da die Ausdünstungen des Tabaks durch ein Abzugsrohr entweichen.

Der geröstete Tabak muss nun abgekühlt und vom Staub befreit werden. Dies geschieht in grösseren Betrieben in zylindrisch geformten, rotierenden Trommeln, deren hintere Hälfte eine Wandung von Drahtnetz besitzt, welche den Staub durchfallen lässt. Staub- und Dunstbelästigung findet hierbei durchaus nicht statt. Indessen ist es in kleineren Fabriken üblich, den Tabak durch Ausbreiten auf dem Fussboden in einem zugigen Raume abkühlen und mit der Hand zu sieben, und hierbei entsteht natürlich eine ausserordentlich starke Staubentwicklung.

Hygienisch unbedenklich ist auch im allgemeinen die Herstellung des Rollentabaks. Die nach Auslesen der Deckblätter übrigen Büschel werden mit Hülfe ersterer aus freier Hand zu einem Seile zusammengedreht und auf eine Haspel gerollt.

---

1) Kissling, l. c. S. 296 u. f.

2) Albrecht, Handbuch der praktischen Gewerbehygiene. Berlin 1896, Verlag von Robert Oppenheim.

Die meisten Tabakfabriken fertigen auch gleichzeitig Kautabak an. Als Rohmaterial dient dazu fast ausschliesslich der nikotinreiche Virginia und Kentucky. Nach dem Sortieren der fetten und trockenen Blätter wird aus den letzteren die zur Imprägnierung der fetten Blätter dienende Tabaklauge hergestellt. Dazu werden die letzteren mit einer aus Gewürzen, Fruchtextrakten und Branntwein bestehenden Sauce behandelt, dann getrocknet, wieder angefeuchtet und in Tafeln gepresst oder zu Rollen gesponnen. Zu der Sauce hat jeder Fabrikant sein eigenes Rezept, dessen Zusammensetzung er meist geheim hält.

2. Die Schnupftabakfabrikation.

Die Schnupftabakfabrikation ist zwar infolge der starken Verbrauchsabnahme sehr zurückgegangen, muss jedoch wegen der Belästigungen, welche sie für die bei ihr Beschäftigten mit sich bringt, kurz erwähnt werden. Nach Aussuchen der geeigneten Blätter werden dieselben entrippt und zu Büscheln zusammengebunden, darauf in eine aromatische Säure getaucht, in Haufen gelegt und einer Gärung unterworfen, bei welcher Spaltpilze die Hauptrolle spielen. Der Tabak wird nun zu langen Rollen verarbeitet, in Säckchen von starker Leinwand gefüllt, mit Bindfaden verschnürt und getrocknet, um noch eine Zeitlang zu lagern, wodurch er ein besseres Aroma bekommt. Die weitere Verarbeitung erfolgt durch geeignete Schneidemaschinen oder Zerschneiden in Stampfapparaten. Aus diesen gelangt er in eine Mühle, wo er gemahlen wird. Für den in Karotten, d. h. Rollen gepressten Tabak gibt es auch eine sogenannte Karottenrapiermaschine (vom französischen râper = zerreiben), welche das Zerkleinern des Tabaks besorgt. Der gemahlene Tabak wird dann nach der Feinheit verschieden gesiebt, nochmals sauciert oder durch Besprengen mit einer Beizflüssigkeit behandelt, mit den Händen oder geeigneten Mischmaschinen gemischt und noch einmal in grossen Kästen einer Nachgärung unterworfen[1]).

Die Verpackung erfolgt in ähnlicher Weise wie die des Rauchtabaks. Da bei dem Aufrühren der Tabakshaufen nach der ersten Gärung sich scharfe Dünste entwickeln, ebenso wie beim Ausräumen der Kästen nach der zweiten Gärung, so werden die hiermit beschäftigten Arbeiter sehr belästigt. Dazu kommt noch die durch die Fermentation entwickelte hohe Temperatur, welche den Aufenthalt

---

1) **Eulenberg**, l. c. S. 920.

in den betreffenden Räumen unangenehm macht. Die Arbeiter klagen über Augenstechen, Reizung der Rachenschleimhaut und Atembeschwerden. Diese Erscheinungen werden ausser durch das Nikotin durch Ammoniaksalze, besonders durch essigsaures Ammoniak und die durch die Saucierung zugesetzten Substanzen hervorgerufen.

Wegen der überaus geringen Arbeiterzahl, welche in dem letztgenannten Fabrikationszweige tätig ist, haben diese Verhältnisse nur eine geringe praktische Bedeutung.

3. Die Zigarrenfabrikation.

Von der grössten Wichtigkeit dagegen sind die hygienischen Verhältnisse in der Zigarrenindustrie, welcher der weitaus grösste Prozentsatz der gesamten Tabakarbeiterschaft angehört. Die gesundheitlichen Verhältnisse dieser Arbeiterkategorie werden in der folgenden Betrachtung den breitesten Platz einnehmen und bedingen eine etwas nähere Betrachtung der Fabrikation.

Die Herstellung der Zigarren erfolgt in Deutschland in Fabriken wie in der Hausarbeit[1]).

Zu einer Zigarrenfabrik gehören ausser dem Arbeitsraum ein Lagerraum für Rohtabak, Trockenraum für entrippten Tabak, Sortierraum, sowie Lager- und Packraum für die fertigen Fabrikate. Die Kisten werden meist von besonderen Fabriken fertig bezogen.

Die Zigarrenanfertigung vollzieht sich in folgender Weise. Der Zigarrenarbeiter erhält von dem Arbeitgeber oder Werkmeister den Tabak in den Fabriken in angefeuchtetem Zustande, in der Hausarbeit hat er das Anfeuchten durch Besprengen oder Eintauchen der Bündel in Wasser selbst zu besorgen. Das Anfeuchten ist notwendig, weil sonst der Tabak bei der Arbeit zerbröckeln würde. Alsdann werden die Tabakblätter entrippt, wobei das obere Rippenende um einen Finger gewickelt wird, während die andere Hand die beiden Blatthälften abstreift. Gleichzeitig wird Einlage und Umblatt sortiert. Durch Abreissen der überstehenden Enden wird das Umblatt nach der Grösse der zu fertigenden Zigarre überflächlich zurecht gemacht, die Einlage in einer der späteren Form entsprechenden Weise daraufgelegt, das Umblatt umgewickelt und der nun fertige Wickel mit der Hand auf dem Tisch einige Male hin und her gerollt. Die Einlage

---

1) Die folgende Darstellung beruht zum Teil auf eigenen Beobachtungen, ausserdem s. Reichs-Arbeitsblatt, Jahrg. VI, 1908, Nr. 5 u. 6, enthaltend Gutachten zum Entwurf eines Gesetzes betr. die Herstellung von Zigarren in Hausarbeit.

muss vor der Verarbeitung wieder getrocknet sein, da dieselbe in feuchtem Zustande beim Wickeln zusammengeballt wurde, und die Zigarre dann zu dicht und „keine Luft" haben würde. Der Wickel wird nun in die eine Hälfte einer Holzform gesteckt. Ist letztere voll, so wird die andere Hälfte der Wickelform darauf gesetzt und mit mehreren Formen unter einer Presse gepresst. Meist ist das Wickelmachen eine Arbeit für sich, welche von Anfängern oder Frauen oder Mädchen besorgt wird.

Den Wickel übernimmt nun der Roller. Die Tätigkeit desselben besteht zunächst darin, dass er aus dem ihm gesondert übergebenen Deckblatt durch Entfernung der Mittelrippe mit dem Messer 2 Hälften macht, welche bei fehlerfreier Beschaffenheit für 2 Zigarren als Decke genügen. Das spiralige Rollen des Deckblattes um den Wickel erfordert grössere Akkuratesse und Geschicklichkeit als das Wickelmachen. Teure Zigarren werden vielfach nicht in Wickelformen gepresst, sondern als sogen. Handarbeitszigarren angefertigt, d. h. es wird der Wickel mit Kartonpapier umgeben und mit einem Fädchen umwickelt. Nachdem der Roller das Deckblatt umgewickelt hat, klebt er das passend zugeschnittene Ende desselben mit Kleister um den Kopf der Zigarre und schneidet mit dem Messer etwa überstehendes Deckblatt ab. Früher bestand fast überall die Unsitte, an der Spitze der Zigarre zu lecken behufs Ankleben des Deckblattes. Wenn man die Wasserlöslichkeit des Nikotins sowie den Umstand in Betracht zieht, dass durch die Hände eines Rollers durchschnittlich täglich etwa 700 Zigarren gehen, so kann man sich vorstellen, dass die dadurch bedingte Nikotinaufnahme nicht unbedenklich ist. Das Abrippen und Wickelmachen wird in der Fabrik von denselben Personen gemacht, welche gemeinsam mit den Rollern arbeiten. In der Hausarbeit vollzieht sich das Zigarrenmachen meist so, dass der Mann rollt, die Frau Wickel macht und die Kinder abrippen.

Die fertigen Zigarren werden nun noch mit einem einer Brotmaschine ähnlichen Instrument an dem Ende glatt abgeschnitten, auf einem mit Leinwand bespannten Rahmen getrocknet, gepresst, gebündelt und in Kisten verpackt.

Der Gebrauch von Maschinen zum Wickelmachen hat sich wenig bewährt, da die Wickel zu hart ausfallen. Dieselben werden nur vereinzelt für billige Sorten gebraucht[1]).

---

1) E. Jaffé, Hausindustrie und Fabrikbetrieb in der deutschen Zigarrenindustrie. Schriften des Vereins für Sozialpolitik. Leipzig 1899.

Die Arbeit des Zigarrenmachens geschieht an Tischen, welche an der dem Arbeiter zugekehrten Seite eine Lade zur Aufnahme des Tabaks, an der anderen Seite einen Aufbau zum Auflegen der Wickelformen besitzen. In den Fabriken sind die Tische vielfach zu Doppelreihen angeordnet derart, dass die Hinterseiten sich berühren, und somit die Arbeiter sich gegenüber sitzen.

Bei der Zigarrenarbeit wirken Tabakdunst und Staub in hohem Masse auf den Arbeiter ein, besonders in der Hausindustrie, welche in diesem Zweige der Tabakfabrikation, im Gegensatz zu den bisher besprochenen, stark verbreitet ist.

4. Die Zigarettenfabrikation.

Ein Kind der jüngsten Zeit ist in Deutschland die Zigarettenindustrie. Infolge der Sucht breiter Kreise nach verfeinertem Genuss und immer pikanteren Reizmitteln, sowie des nervösen, hastenden Charakters unseres wirtschaftlichen und gesellschaftlichen Lebens, welches vielfach zum Genuss der Zigarre nicht die erforderliche Zeit gewährt, hat der Zigarettenkonsum in kurzer Zeit ganz erheblich zugenommen. Dazu kommt als weitere Ursache die Nachahmungssucht junger Leute und die beispiellose Reklame der grossen Fabriken. Die Verhältnisse der Arbeiter dieser Industrie verdienen daher mitberücksichtigt zu werden, zumal bei der gesteigerten Nachfrage ein weiteres Wachstum dieses Industriezweiges erwartet werden darf.

Die Arbeit beginnt mit dem Lösen der in den Ballen festgepressten Blätter und dem Sortieren derselben nach Farben[1]). Der für die betreffende zu fertigende Zigarette bestimmte Tabak wird dann auf einen Haufen geworfen, angefeuchtet und von ungelernten Arbeitern, den sogen. Tabakmischern, mit der Hand gemischt. Darauf wird der Tabak mit Maschinen geschnitten, ein Entrippen wie bei der Zigarrenarbeit findet nicht statt. Der geschnittene Tabak wird nun, weil er beim Schneiden stark zusammengepresst wurde, von dem Tabakschneider mit den Händen aufgelockert und in einer mit Sieben versehenen Trommel vom Staube befreit. Von dort gelangt derselbe in den Lagerraum, bis er verarbeitet wird.

Die Hülsen werden zum Teil von den Arbeiterinnen mit der Hand gefertigt, und zwar nimmt die Arbeiterin meist nach Schluss

---

1) Kurt Bormann, Die deutsche Zigarettenindustrie. Inaug.-Diss. Leipzig 1910. Druck von J. B. Hirschfeld. S. 41. — Chr. Grotewald, Die Tabakindustrie. Leipzig 1907. Ernst Moritz.

der Fabrik soviel Papierblättchen mit nach Hause, wie sie Hülsen für den nächsten Tag braucht (durchschnittlich etwa 1200, welche sie abends in 2—3 Stunden zurecht macht). In grösseren Betrieben werden die Hülsen auch für die Handarbeitszigaretten mit Maschinen gemacht. Das Stopfen der Hülsen erfolgt bei den billigen Sorten ebenfalls durch Maschinen. Von der Gesamtproduktion entfallen heutzutage $2/_3$ auf Maschinenarbeit, $1/_3$ wird in Handarbeit hergestellt. Die Arbeiterin bedient sich meist einer aufklappbaren Metallröhre, welche das für eine Zigarette nötige Quantum Tabak aufnimmt, und stösst dann den Tabak mit einem Stäbchen in die dem Metallrohr aufgesteckte Hülse. Zum Schluss wird der an den Enden herausstehende Tabak abgeschnitten. Neben der Fabrikarbeit existiert auch in der Zigarettenfabrikation die Heimarbeit, Jedoch sind die hygienischen Verhältnisse in dieser Industrie besser als in der Zigarrenfabrikation, wie wir nachher sehen werden.

Umfang der einzelnen Industriezweige. Betriebsformen.

Die Zahl der in der Tabakindustrie in Deutschland tätigen Personen beziffert Schellenberg[1]) bereits im Jahre 1896 auf 160 000, einschliesslich der in der Hausindustrie tätigen.

Von dieser Gesamtsumme sind nach Jaffé[2]) 90 pCt. in der Zigarrenindustrie tätig. Indessen stammt diese Angabe aus dem Jahre 1900, und da sich seit dieser Zeit die Zigarrenindustrie ausserordentlich gehoben hat, so mag wohl der Anteil der Zigarrenarbeiter an der Gesamttabakarbeiterschaft etwas geringer geworden sein. Wenigstens wurde mir aus Fachkreisen[3]) mitgeteilt, dass im Jahre 1909 in der deutschen Zigarettenindustrie etwa 18 000 Arbeitskräfte beschäftigt gewesen seien. Immerhin dürfte noch für lange Zeit die Zigarrenindustrie ihren dominierenden Platz behalten. Wie sich die übrigen Arbeitskräfte auf die Kau-, Schnupf- und Rauchtabakfabrikation der Zahl nach verteilen, lässt sich nicht angeben.

Dem Geschlecht nach gehörten nach der Gewerbestatistik von 1882 in den vorhandenen 16 375 im deutschen Zollgebiet vorhandenen Betrieben 62 933 Personen dem männlichen und 47 535 dem weib-

---

1) Schellenberg, Hygiene der Tabakarbeiter. Handbuch der Hygiene von Dr. Theodor Weyl. 23. Lief. 8. Bd. Jena 1896. Gustav Fischer.

2) Jaffé, 1. c. S. 295.

3) Privatmitteilung des Syndikus des Verbandes der Deutschen Zigarettenindustrie, Herrn Carl Greiert in Dresden.

lichen Geschlecht an[1]). Jedoch hat das weibliche Element die Ueberhand gewonnen seit 1882. Dann, im Jahre 1895, betrug nach Jaffés[2]) Schätzung die Zahl der männlichen Arbeiter in der gesamten Tabakindustrie 52 108, die der weiblichen 74 588. Dabei sind von der Zahl der Gewerbetätigen die Unternehmer sowie das kaufmännische und technische Aufsichtspersonal in Abzug gebracht.

Nach den Berichten der Fabrikinspektoren nimmt die Zahl weiblicher Arbeitskräfte in der Tabakindustrie mehr und mehr zu wegen der grösseren Billigkeit der weiblichen Arbeit. Der Fabrikant hat das Bestreben, den Wünschen des Publikums nach billigem Rauchmaterial entgegenzukommen und kann mit Hilfe der Frauenarbeit trotz Zollerhöhung und Steuer noch verhältnismässig billig produzieren.

Grösser noch ist der Prozentsatz der Arbeiterinnen in Oesterreich. Von den 39 000 Arbeitern daselbst sind 87 pCt. weiblichen Geschlechts[3]).

Die einzelnen Zweige der Industrie finden wir häufig kombiniert, doch gibt es in der Zigarrenindustrie viele grosse Firmen, welche sich allein auf diese beschränken.

Die Grösse der einzelnen Fabrikbetriebe ist in der Zigarrenfabrikation eine beschränkte. Jaffé[4]) gibt über die Höhe der in einer Fabrikanlage beschäftigten Arbeiterzahl folgendes an. Es waren vorhanden

Betriebe mit	6—10	Personen	1 151	mit	8 657	Personen,
„ „	11—20	„	742	„	10 901	„
„ „	21—50	„	907	„	29 875	„
„ „	51—200	„	678	„	62 007	„
„ „	201—500	„	54	„	15 260	„
„ „	501—1000	„	1	„	534	„

Jedoch gibt es eine Anzahl Zigarrenfabriken, welche mehrere Tausend Arbeiter beschäftigen. Die letzteren verteilen sich jedoch auf zahlreiche, über verschiedene Teile Deutschlands zerstreute Filialfabriken und auf Hausarbeiter. In Deutschland ist also die Zigarrenindustrie stark dezentralisiert.

Auch die Kleinindustrie ist in der Zigarrenfabrikation häufig. Im Jahre 1895 bestanden 6086 Betriebe mit 8930 Personen, allerdings

---

1) Schellenberg, l. c.
2) Jaffé, l. c. S. 294.
3) Zeitschrift für Gewerbehygiene. Wien 1908. Jahrg. 16. S. 9.
4) Jaffé, l. c. S. 300.

glaubt Jaffé[1]), vielleicht mit Recht, dass diese Zahl zu hoch sei, da viele Heimarbeiter sich als selbständig angegeben hätten[1]).

Die hygienischen Verhältnisse der kleinen und kleinsten Zigarrenfabrikanlagen sind im allgemeinen denen der grossen Anlagen nachstehend. Da aber auch die grossen, mehrere Tausend Arbeiter beschäftigenden Firmen in den ländlichen Bezirken in vielen kleinen und mittleren Fabriken arbeiten lassen, abgesehen von der auch bei diesen zu findenden Heimarbeit, so haben für uns die Filialbetriebe der Grossindustriellen keine andere Bedeutung als die selbständigen kleinen und mittleren Anlagen, welche für unsere Betrachtung als typisch zu gelten haben.

Die zahlreichen Kleinbetriebe sind dadurch ermöglicht, dass zur Errichtung einer „Fabrik" wenig Kapital gehört. Die Fakrikation kann in jedem Hause vorgenommen werden, und Maschinenkräfte kommen nicht zur Anwendung.

In den Monopolländern ist die Betriebsform eine andere. Dort bestehen grosse Betriebsanlagen, welche 1000 und mehr Arbeiter an ein und derselben Arbeitsstelle beschäftigen. Daher gab es vor kurzem in Oesterreich nur im ganzen 38 Fabriken für sämtliche Tabakerzeugnisse.

Anders als in der übrigen Tabakindustrie liegen auch bei uns die Verhältnisse in der Zigarettenfabrikation. Zwar ist auch hier die Zahl der Kleinbetriebe nicht unerheblich, jedoch existiert eine starke Tendenz zur Konzentration des Betriebes in grossen Fabrikanlagen. Im Gegensatz zur Zigarrenfabrikation kennt die Zigarettenindustrie nicht das System, in Filialfabriken auf dem Lande arbeiten zu lassen.

Die Frauenarbeit überwiegt die Männerarbeit erheblich, nach privater Mitteilung[2]) ist das Verhältnis 9 : 1.

Von Wichtigkeit ist, dass Kinder und jugendliche Personen unter 16 Jahren nicht beschäftigt werden.

Geographische Verbreitung.

Während an der Rauch-, Kau- und Schnupftabakfabrikation wohl alle Gegenden Deutschlands mehr oder weniger partizipieren, ist das bei dem wichtigsten Zweige der Tabakindustrie, der Zigarrenfabrikation, nicht der Fall. Der Entwicklung dieser Industrie und den Gründen der Bevorzugung

---

1) Jaffé, l. c. S. 319.
2) Mitteilung des Herrn Carl Greiert in Dresden, Syndikus des Verbandes der deutschen Zigarettenindustrie.

einzelner Gegenden durch dieselbe nachzugehen, ist nicht ohne Wert; denn es ist durchaus notwendig, wenn man über die gesundheitlichen Verhältnisse der Zigarrenarbeiter ein Urteil gewinnen will, gleichzeitig die hygienischen, wirtschaftlichen und sozialen Verhältnisse der übrigen Bevölkerung der Gegenden zu berücksichtigen, in denen diese Industrie vorzugsweise domiziliert ist.

Dieser Punkt ist nicht immer mit der nötigen Aufmerksamkeit beachtet worden; daher vielfach die entgegengesetzten Urteile über die gewerblichen Schädlichkeiten der Zigarrenarbeit.

Zunächst waren Bremen und Hamburg die Hauptsitze der Fabrikation. Bremen zählte 1851 281 Fabriken mit 5300 Arbeitern, während in Hamburg bereits 1842 eine grössere Zahl vorhanden war[1]). In das Binnenland drang die Industrie in grösserem Massstabe erst dann, als durch Errichtung des Zollvereins 1834/35 der inländischen Produktion ein grösserer Markt eröffnet wurde. Durch den Beitritt des Steuervereins, dem Hannover und Braunschweig angehörten, zum Zollverein im Jahre 1852—1854 und durch Herabsetzung des Zolles auf Rohtabak sowie Erhöhung des Einfuhrzolles für Zigarren wurde die hanseatische Produktion geschädigt, sodass die betreffenden Fabrikanten genötigt waren, die Fabrikation der billigen Sorten in das Zollgebiet zu verlegen. So entstanden für Bremer und Hamburger Rechnung zahlreiche Fabriken in den Bremen benachbarten Teilen Hannovers, auf dem Eichsfelde usw. Innerhalb zweier Jahre (1851—53) sank in Bremen die Arbeiterzahl auf die Hälfte.

Es kennzeichnet diese Tatsache die grosse Beweglichkeit der Zigarrenindustrie. Da der Preis des fertigen Fabrikats ganz wesentlich durch den Arbeitslohn bedingt ist, und die starke Konkurrenz den Verdienst der Fabrikanten beschränkt, wenigstens soweit der Massenkonsum der billigen Sorten in Frage kommt, so sucht sich der Fabrikant natürlich für seinen Betrieb Gegenden mit billigen Arbeitslöhnen. Ermöglicht wurde dies dadurch, dass in der Zigarrenfabrikation keine Maschinenkräfte zur Anwendung kommen und keine Massengüter gebraucht und produziert werden. Da ein nicht zu weiter Wagentransport des Rohmaterials und fertigen Produktes den Preis nur wenig verteuert, so braucht sich der Fabrikant nicht einmal an die von der Eisenbahn berührten Orte zu halten. Wir finden deshalb die Zigarrenfabrikation in grösserem Massstabe, wie sie für die billigen

---

1) Jaffé, l. c. S. 280.

Sorten in Frage kommt, vielfach in ärmeren Gegenden, abgesehen von Distrikten, wo Tabakbau betrieben wird und damit das Rohmaterial zur direkten Verfügung steht. Am verbreitetsten ist heute die Fabrikation in Baden, wo gleichzeitig der billige deutsche Tabak in grösseren Quantität geerntet wird.

Die Erhöhung des Tabakzolls im Jahre 1879 von 24 M. auf 85 M. für den Doppelzentner hat dazu beigetragen, die Fabrikation in Süddeutschland wesentlich zu steigern[1]).

Eine weitere Verschiebung der Massenproduktion billiger Zigarren nach Süddeutschland ist als Folge der neuen Besteuerung zu erwarten. Zu dem Zoll von 85 M. ist heute ein Wertzoll von 40 pCt. des Fakturenwertes getreten, während die Steuer auf inländischen Tabak nur 57 M. pro 100 kg beträgt. Wegen des niedrigeren Wertzolls ist die Nachfrage nach billigen ausländischen Tabaken gestiegen, wodurch der Preis wiederum erhöht worden ist. Es ist daher besonders in der Bremer und Oldenburger Gegend bei den hier bestehenden höheren Löhnen unmöglich, billige Zigarren aus ausländischen Tabaken herzustellen. Süddeutschen Rohtabak zu beziehen und hier verarbeiten zu lassen, hat manches gegen sich, und es ist deshalb dahin gekommen, dass hiesige Fabriken nach mir gewordener privater Mitteilung zur Versorgung ihrer Kunden mit billigen Zigarren solche nicht selbst fabrizieren lassen, sondern fix und fertig aus Süddeutschland beziehen, woselbst heute noch Zigarren für 21 bis 22 M. pro 1000 Stück zu kaufen sind.

Die Zigarrenindustrie Badens, welche ungefähr den vierten Teil des deutschen Reiches bzw. der Arbeiterzahl darstellt, hat nach Wörishoffer[2]) ihren Standort in dem am wenigsten fruchtbaren Teil der Rheinebene und des angrenzenden Hügellandes.

„Ganz vorzugsweise sind es die Dörfer, in denen sich daselbst die Zigarrenfabrikation befindet und zwar die mit einer zahlreichen und armen Bevölkerung, die begierig nach dem sich bietenden Verdienst griff“[3]).

---

1) Denkschrift der Handelskammer zu Minden und des Westfälischen Tabakvereins an den deutschen Reichstag vom 5. Januar 1906. Gedruckt bei J. C. C. Bruns, Minden i. W.

2) Wörishoffer, Die soziale Lage der Zigarrenarbeiter im Grossherzogtum Baden. Beilage zum Jahresbericht des Grossherzogl. bad. Fabrikinspektors für das Jahr 1889. Karlsruhe. Druck und Verlag von Thiergarten und Raupp. 1890. S. 4.

3) Wörishoffer, l. c. S. 21.

Diese Bevorzugung armer Gegenden ist besonders mit Bezug auf die Tuberkulosefrage bei den Zigarrenarbeitern zu beachten. Armut bedingt häufig im Verein mit Unsauberkeit, schlechter Ernährung und geringer Bildung an und für sich bereits eine erhöhte Tuberkulosemorbidität.

Auch im Regierungsbezirk Minden, wo die Kreise Lübbecke, Minden und Herford besonders als Sitze der Zigarrenindustrie in Frage kommen, handelt es sich um eine ärmere Bevölkerung. Hier hat die Fabrikation die durch das Aufgeben der Handweberei beschäftigungslos gewordenen zahlreichen Arbeitskräfte absorbiert. Ein Fünftel der gesamten deutschen Zigarrenarbeiterschaft wohnt hier in einem ziemlich scharf begrenzten Gebiet[1]). Der Anteil der einzelnen Kreise einschliesslich der Nachbarkreise ist folgender:

Kreis Herford	16 278	Tabakarbeiter
„ Lübbecke	4 039	„
„ Minden	3 467	„
„ Halle	311	„
„ Bielefeld	197	„
„ Wiedenbrück	180	„
„ Rinteln	180	„
„ Melle	141	„
„ Wittlage	103	„ [2]).

Neben geringem Wohlstand ist in dieser Gegend Westfalens die allgemeine Lebenshaltung eine mehr als einfache, dabei ist der Sinn für Sauberkeit und die einfachsten Regeln der Gesundheitspflege vielfach gering.

In der Rheinprovinz finden wir die Zigarrenindustrie am Niederrhein und in der Gegend von Aachen und Koblenz[3]), ferner kommen noch in Betracht die Gegend von Frankfurt a. M., Hanau und Offenbach, die von Göttingen, Mühlhausen und Eschwege, die Bremen benachbarten hannoverschen Orte sowie die Städte Weissenfels, Bitterfeld, Eilenburg, Delitzsch usw. In Sachsen liegt das Zentrum der Zigarrenindustrie zwischen Dresden, Leipzig und Chemnitz. Sie erstreckt sich bis hinauf in die Weberdistrikte des Vogtlandes und des Erzgebirges.

---

1) Grotewald, l. c. S. 132.
2) Grotewald, l. c. S. 132.
3) Grotewald, S. 133.

Bremen und Hamburg kommen nur für die Fabrikation besserer Sorten in Frage, bei denen der höhere Arbeitslohn nicht so in Betracht kommt. Im übrigen haben manche Bremer und Hamburger Firmen hier nur ihre Hauptkontore und Sortier-, Verpackungs- und Lagerräume, die Bremer und Hamburger Zigarren werden meist in Westfalen, dem Eichsfeld, Thüringen fabriziert. Die früher besetzten Fabrikräume stehen leer, und noch dazu vollzieht sich in immer wachsendem Masse der Uebergang der Arbeiter in die ungesunderen Verhältnisse der Hausindustrie[1]).

Nähere Einsicht in die Verteilung der Industrie gewährt die anliegende Tabelle (Anlage 1), welche der Arbeit von Jaffé[2]) entnommen ist und gleichzeitig die Verteilung der Geschlechter auf die Tabakarbeiter angibt.

Die Zigarettenindustrie hat ihren Sitz hauptsächlich in den grossen Städten. An der Spitze steht Dresden. Hier sind etwa 5300 Personen in der Zigarettenindustrie tätig[3]), dann folgen Berlin und Vororte mit etwa 2000 Arbeitern. Auch in Breslau, Posen, Königsberg, Danzig, Hamburg, Hannover, Frankfurt a. M., Wiesbaden, Baden-Baden, Strassburg, Düsseldorf, München und Stuttgart werden Zigaretten angefertigt.

Die Rauch-, Kau- und Schnupftabakfabrikation findet sich meist in den Städten, die Zigarrenfabrikation dagegen hat eine ausgesprochene Neigung immer mehr das platte Land aufzusuchen[4]).

Diese Bevorzugung des Landes ist an und für sich, soweit sie nicht gleichzeitig die Vermehrung der Heimarbeit im Gefolge hat, entschieden zu begrüssen. In der Mindener Gegend haben die verheirateten Arbeiter fast alle etwas Land, wo sie ihr Gemüse selbst ziehen und 1 Ziege oder auch 1—2 Schweine halten können. Den Bauern stehen für die Erntezeit genügend Arbeitskräfte zur Verfügung, da viele Zigarrenarbeiter mit in der Landwirtschaft helfen können. Für die Arbeiter ist aber diese Verbindung mit der Landwirtschaft von gesundheitlichem Nutzen, da sie auf diese Weise für eine Zeit wenigstens dem Staub und Tabakdunst entzogen werden. Ausserdem regt die Muskelarbeit den bei Zigarrenarbeitern vielfach trägen Stoffwechsel an und kräftigt die wenig geübte Muskulatur. Die innige Verbindung ist

---

1) Jahresberichte der Gewerbeaufsichtsbeamten 1906. Bd. 3. 24. S. 10.
2) Jaffé, l. c. S. 292.
3) Bormann, l. c. S. 21.
4) Jaffé, l. c. S. 296.

hier in Westfalen sowie in Baden noch mehr ermöglicht dadurch, dass der landwirtschaftliche Betrieb vorwiegend Kleinbetrieb ist.

Während in der Rauch-, Kau- und Schnupftabakfabrikation der Fabrikbetrieb massgebend ist, ist aber leider in der Zigarrenindustrie die Heimarbeit stark verbreitet.

Die Hausarbeit und die Kinderarbeit.

Die Hausarbeit kam zuerst in Hamburg vor 50—60 Jahren auf, als durch die geänderten Zollverhältnisse die hanseatischen Firmen gezwungen wurden, einen grossen Teil ihres Betriebes in das Binnenland zu verlegen. Die freigewordenen Arbeitskräfte fingen zum Teil an für eigene Rechnung im Hause Zigarren herzustellen, wozu sie imstande waren, da sie an der Quelle des Rohtabakimportes kleinere Quantitäten Tabak direkt kaufen konnten. Zudem zwang auch die Fabrikanten daselbst die wachsende Konkurrenz der inländischen Industrie der Heimarbeit näher zu treten wegen der billigeren Löhne. Die binnenländische Industrie folgte dem Beispiel und wird zum Teil auch noch neuerdings durch die neue Steuer hierzu veranlasst[1]). Der Fabrikant sucht eben die durch den Zoll verursachte Preiserhöhung möglichst durch billigen Arbeitslohn zu paralysieren. Streiks der Fabrikarbeiter trugen ebenfalls das ihrige dazu bei, den Fabrikanten die Heimarbeit sympathisch zu machen, da diese hofften, dass die der Organisation nicht in dem Masse wie die Fabrikarbeiter angeschlossenen Hausarbeiter mit Lohnforderungen nicht so oft hervortreten würden.

In Westfalen war die Zigarrenfabrikation, welche seit 1830 an Stelle der Leinenweberei und Handgarnspinnerei trat, zunächst reine Fabrikindustrie. Die höhere Wohnungsmiete in der Stadt, das teurere Leben daselbst, ferner die Möglichkeit, nebenbei etwas Land- und Gartenwirtschaft betreiben zu können, sowie die Abneigung der Arbeiter gegen die reglementarischen Bestimmungen der Fabrik trugen dazu bei, den Arbeitern die Hausarbeit lieber zu machen.

Hier aber sowohl wie anderswo wurde die Hausarbeit in freilich ungewollter Weise gefördert durch das gesetzliche Verbot der Kinderarbeit in den Fabriken durch die Gewerbeordnung vom 1. Juni 1891. Die Kinder, welche sonst mit in die Fabrik genommen wurden, mussten nun zu Hause bleiben. Infolgedessen mussten auch die Mütter die Fabrik verlassen und, da Mann und Frau meist zusammen arbeiteten,

---

1) Jahresberichte der Gewerbeaufsichtsbeamten 1909. Bd. 1. 1. S. 256.

auch der Mann[1]). Der Forderung von Hausarbeit seitens dieser Leute konnten sich die Fabrikanten nicht entziehen. Dazu kam die gesteigerte Nachfrage nach Arbeitskräften, sodass die Arbeiter es leicht hatten, Hausarbeit zu bekommen. Für manche war der Wunsch nach Heimarbeit um so verständlicher, als bei der zerstreuten Bauweise in Westfalen die Wege zur Fabrik manchmal beschwerlich und lang waren. Hinzu kam noch der Umstand, dass zu Bismarcks Zeiten immer das Tabakmonopol wie ein Damoklesschwert die Fabrikanten bedrohte und später die Furcht vor weiteren Zöllen und Steuern keine rechte Ruhe im Tabakgewerbe aufkommen liess. Die auswärtigen Firmen, welche in ländlichen Gegenden Filialen errichteten, hatten keine Lust, angesichts der drohenden Pläne der Regierung grosse Fabrikgebäude zu errichten.

Sie behalfen sich vielmehr mit gemieteten Räumen, welche sie zu Fabrikationszwecken einrichteten. Vielfach aber waren dann diese sogenannten Fabriken in Wirklichkeit nur Abgabestellen für Tabak und Annahmestellen für die fertigen Zigarren, welche letzteren daselbst dann auch wohl noch sortiert und verpackt wurden.

Wie das Verbot der Kinderarbeit, wirkten auch die Erlasse vom 9. Mai 1888 und 3. Juli 1893, welche eine Minimalhöhe der Arbeitsräume und einen Mindestluftkubus pro Arbeiter festsetzten, fördernd auf die Hausindustrie. Denn vielfach entsprachen die bisherigen Fabriken nicht diesen Bestimmungen, und so half man sich, indem man diese Räume zu Lager-, Sortier- und Packräumen verwendete. In gesundheitlicher Beziehung ist durch diese Bestimmungen nichts gebessert worden, denn die Folge war vielfach Verödung von Fabriken, die Fabrikarbeiter wurden zum Teil Hausarbeiter, die Kinder wurden nunmehr zu Hause beschäftigt, und da die Familie Tag und Nacht nicht aus dem Tabakdunst herauskam, so kann man sagen, dass diese Vorschriften eher eine Verschlechterung der gesundheitlichen Verhältnisse der Arbeiter zur Folge gehabt haben als eine Besserung.

Besonders ins Auge fallend ist die Zunahme der Heimarbeit in Westfalen und der Provinz Sachsen[2]). Die Gesamtzahl der beschäftigten Personen hat um 38,57 pCt. zugenommen, die Zahl der Hausindustriellen aber um 84,15 pCt. Ueber die Verbreitung der Heimarbeit finden wir bei Jaffé[3]) nähere Zahlen. Jaffé meint allerdings,

---

1) Jaffé, l. c. S. 334.
2) Jaffé, l. c. S. 298.
3) Jaffé, l. c. S. 298.

dass die dort gegebenen Zahlen zu gering seien, und dass die Zahl der hausarbeitenden Frauen die der hausarbeitenden Männer erheblich überrage. Die Zahl der Hausarbeiter in Westfalen schätzt er (S. 311) auf 10—12 000. Er sieht die Hauptursache dieser für die Gesundheitsverhältnisse der Arbeiter ungünstigen Entwicklung in den erwähnten gesetzlichen Bestimmungen von 1888 und 1891[1]).

In Westfalen dienen die ländlichen Fabriken meist nur noch als Arbeitsstätten für jugendliche Arbeiter beiderlei Geschlechts zum Anlernen und zum Sortieren der von Haus- und Fabrikarbeitern verfertigten Zigarren. Sie stehen unter Leitung eines Werkmeisters. Verheiratet sich der Arbeiter, so fordert er Hausarbeit.

In der Provinz Sachsen ist die Hausarbeit vorherrschend, und auch im Königreich Sachsen ist sie stark verbreitet. Nur in den kleineren Orten des Erzgebirges ist sie von geringerer Bedeutung und beschränkt sich hier fast nur auf das Entrippen zu Hause durch Frauen und Kinder[2]). In Thüringen, auf dem Eichsfeld, sowie in der Röhn war die Fabrikarbeit bis in die letzte Zeit die ausschliessliche Arbeitsform[3]), bis dann infolge der neuen Zollerhöhung auch hier stellenweise die Hausindustrie ihren Einzug gehalten hat[4]).

Die mannigfachen Missstände, die mit der Hausarbeit verbunden sind, und die nicht nur die gesundheitliche, sondern auch rein gewerbliche Seite berühren, haben den deutschen Tabakverein veranlasst, über die Verhältnisse in der Heimarbeit durch Versendung von Fragebogen eine Enquête anzustellen, deren Resultat ich in einer am Schluss dieser Arbeit befindlichen Tabelle übersichtlich geordnet habe [Anlage 2[5])].

Aus den dem Verein zugegangenen Antworten geht nicht nur die Verbreitung der Hausarbeit, sondern auch der damit fast immer parallel gehenden Kinderarbeit zur Genüge hervor. Es ist aber anzunehmen, dass de facto die Kinderarbeit noch verbreiteter ist, als es nach dieser nur lückenhaften Aufstellung scheinen könnte. Denn nach der Tabelle könnte man z. B. annehmen, dass in Schlesien die Kinderarbeit gering ist, während aus dem Bericht der Fabrikinspektion her-

---

1) Jaffé, l. c. S. 299.
2) Jaffé, l. c. S. 308.
3) Jaffé, l. c. S. 313.
4) Jahresbericht der Gewerbeaufsichtsbeamten 1909. Bd. 1. S. 256.
5) Stenographisches Sonderprotokoll betreffend die Hausindustrie in der Zigarrenfabrikation, verhandelt in der Sitzung des Deutschen Tabakvereins in Berlin am 30. Mai 1899 im Savoy-Hotel.

vorgeht, dass beispielsweise im Bezirke Schweidnitz viele Kinder in der Hausindustrie mit Abrippen beschäftigt werden[1]).

Ueber die Zahl der beschäftigten Kinder in Westfalen finden wir Näheres in der schon oft zitierten Arbeit von Jaffé[2]). An schulpflichtigen Kindern wurden zum Entrippen, Tabakanfeuchten, Wickelmachen und anderen Arbeiten beschäftigt:

	Knaben	Mädchen	zusammen
im Kreise Minden . .	425	224	649
„ „ Lübbecke .	532	405	937
„ „ Herford . .	2035	1778	3813
	2992	2407	5399

Diese durch Vermittelung der Lehrer eruierten Zahlen sind aber eher zu niedrig wie zu hoch gegriffen.

In dem Dorfe Ostscheid, Amt Gohfeld, befanden sich in der dreiklassigen Dorfschule 150 Kinder, von denen 132 (!) in der Zigarrenhausarbeit, bis 6 Stunden täglich, beschäftigt wurden.

Früher kam es auch häufig vor, dass der Hausarbeiter, wenn er keine eigenen Kinder hatte, fremde engagierte, vielfach angeblich zum Zweck der Hilfe im Haushalt, in Wirklichkeit aber zum Tabakabrippen. Dafür erhielten die Kinder dann 1—1,50 M. die Woche.

Die grossen Gefahren, denen die Kinder durch eine schrankenlose Ausnutzung ihrer Arbeitskraft in der staub- und dunstgeschwängerten Atmosphäre ausgesetzt waren, haben dazu geführt, dass diese Verhältnisse neuerdings anderweitig gesetzlich geregelt sind.

Einsichtige Fabrikanten hatten die Hausarbeit schon länger bekämpft, sowohl aus Interesse für das gesundheitliche Gedeihen der Arbeiter, als auch, weil ihnen die rechte Kontrolle über die vielfach unsauber und weniger sorgfältig ausgeführte Arbeit fehlte. Indessen haben doch bei der Umfrage des Tabakvereins[3]) von 291 sich 231 gegen die Beseitigung erklärt und 171 hielten selbst jede Einschränkung für unerwünscht. Dass die Heimarbeit bald verschwinden wird, ist somit nicht anzunehmen.

Anders und besser sind die Heimarbeitsverhältnisse in der noch jungen Zigarettenindustrie.

---

1) Jahresbericht der Gewerbeaufsichtsbeamten 1908. Bd. 1. 1. S. 146.
2) l. c. S. 313.
3) Stenographisches Sonderprotokoll usw. vom 30. Mai 1899. S. 6.

Es handelt sich hier meist um den Nebenerwerb verheirateter Frauen[1]), besonders in Dresden. Kinderarbeit gibt es nicht. Nicht einmal Personen unter 16 Jahren findet man in dieser Fabrikation.

Nichtsdestoweniger sind aber auch die Heimarbeitsverhältnisse in der Zigarettenindustrie anscheinend nicht ideal. Denn, wenn die Arbeiterin abends nach Fabrikschluss 2—3 Stunden Hülsen klebt oder nach Heimkehr aus der Fabrik die mitgenommenen Hülsen mit Tabak füllt, der seinen Platz zwischen Esswaren und Toilettegegenständen hat, so bedingt das sicher gesundheitliche Gefahren für die Arbeiterin selbst und ihre Familie[2]). Die von den Dresdener Fabrikanten im Jahre 1908 eingerichtete private Heimarbeiterkontrolle[3]) wird die Uebelstände ja zweifellos verringern, aber Ueberarbeitung und Vernachlässigung der Hauswirtschaft nicht ganz verhindern.

Auch hier hat die Heimarbeit unter dem Einfluss der neuen Besteuerung zugenommen, da die Fabrikanten die durch die Banderole und erhöhten Tabakpreise entstandenen Mehrkosten durch Ersparnisse an Arbeitslohn wieder einzubringen suchten[4]).

Die körperliche Beschaffenheit der Arbeiterschaft.

Für die Frage der Gewerbeschädigungen durch die Tabakindustrie kommt die Qualität des Arbeitermaterials sehr in Betracht.

Die männlichen Arbeiter der Tabakbranche rekrutieren sich vielfach aus gesundheitlich minderwertigen Elementen. Gerade in diesem Berufe findet man ausserordentlich viel krüppelhafte und schwächliche Leute, die ja hier noch gut ihr Brot verdienen können. Jeder Arzt, der in Gegenden mit Tabakindustrie tätig gewesen ist, wird das bezeugen. Für diese Tatsache ermangelt es auch sonst nicht an Beweisen. Ein Gewerbeaufsichtsbeamter aus Sachsen berichtet[5]), dass im Bezirk Freiberg vielfach ältere, alleinstehende, auch invalide Frauen beschäftigt werden, die für körperliche Arbeit zu schwach sind. Auch namhafte Fachleute erwähnen diesen Punkt[6]).

---

1) Bormann, l. c. S. 111.

2) Prof. Dr. E. Francke, Die gesetzliche Regelung der Heimarbeit in der Zigarrenindustrie. XVI. Soziale Praxis. 1907. No. 31.

3) Carl Greiert, Die Arbeitsverhältnisse in der deutschen Zigarettenindustrie. Dresden 1911. Albert Mählig.

4) Bormann, l. c. S. 22.

5) Jahresberichte der Gewerbeaufsichtsbeamten. 1905. Bd. 2. H. 3. S. 172.

6) Aeusserung des Geh. Kommerzienrats Schmidt in Altenburg, Mitglied des Reichstages, enthalten in dem zitierten stenographischen Sonderprotokoll. S. 15.

Wörishoffer, ein genauer Kenner der badischen Verhältnisse, sagt sogar[1]): „Gerade schwächliche junge Leute werden mit Vorliebe, aber in wenig gewissenhafter Weise von ihren Eltern in die Fabrik geschickt." Er schliesst daraus, dass bei diesen Elementen ein frühzeitiges Siechtum erklärlich sei. In den Bezirken, wo sich genügend andere Arbeitsgelegenheit bietet, wenden sich kräftigere Personen anderen Berufen zu, welche höhere Arbeitslöhne abwerfen.

Auch in Westfalen gehen die schwächlicheren Elemente, welche in der Landwirtschaft nicht gebraucht werden können, zur Zigarrenfabrikation. In den Bezirken allerdings, wo die Zigarrenmacherei derart verbreitet ist, wie z. B. im Kreise Herford, tritt diese Erscheinung weniger hervor. Hier sind nämlich von der gesamten Bevölkerung 13,9 pCt. in der Tabakindustrie tätig, und einzelne Dörfer bestehen vorwiegend aus Zigarrenarbeiterbevölkerung. Aehnliche Verhältnisse werden auch in einigen Teilen Badens herrschen.

Ueber das Alter der badischen Zigarrenarbeiter berichtet Wörishoffer[2]), dass in Baden die Neigung der über 40 Jahre alt Gewordenen besteht, zur Landwirtschaft zurückzukehren. Es werden daselbst dann die unterdes herangewachsenen Kinder in die Fabrik geschickt.

In anderen Gegenden, wie z. B. in Westfalen, ist diese Erscheinung aber nicht zu beobachten. Die Tabakarbeiter bleiben bei ihrem Beruf.

Die Wohnungsverhältnisse.

Die Wohnungsverhältnisse besonders der Zigarrenarbeiter sind deswegen von um so grösserer Bedeutung, als bei den Hausarbeitern die Wohnung auch die Werkstatt darstellt. Dieselben werden in dem erwähnten Protokoll der Sitzung des Deutschen Tabakvereins vom 30. Mai 1899 kurz erwähnt. Danach haben in Thüringen sowie in Anhalt die Hausarbeiter häufig eigene Arbeitsräume, in den übrigen Gegenden aber diente das Wohnzimmer gleichzeitig als Arbeitszimmer, der Schlafraum wurde als Arbeitszimmer nicht benutzt, jedoch lagerten manchmal grössere Mengen Rohmaterials oder fertiger Zigarren in der Wohnung, besonders wenn die Ablieferung nicht wie gewöhnlich zwei- bis dreimal die Woche, sondern einmal erfolgte[3]). Eine derartige Wohnung besteht meist aus Stube, Kammer und Küche.

---

1) l. c. S. 48.
2) Wörishoffer, l. c. S. 44.
3) Jaffé, l. c. S. 332.

In Westfalen sind zahlreiche Arbeiter im Besitz eines eigenen Hauses, in den Kreisen Herford, Minden und Lübbecke sind 3500 Häuser Eigentum von Zigarrenarbeitern[1]). Die Wohnungen könnten ideal sein, wenn sie sauber gehalten würden. In diesem Punkt hapert es aber oft sehr.

Der Tabak liegt teilweise auf der Erde, wo er von kleinen und grösseren Kindern abgerippt wird. Wenn es auch wohl selten vorkommt, dass die Kleinen ihre Bedürfnisse in den Tabak verrichten, wie der frühere Abgeordnete v. Elm in einem Vortrage ausführte[2]), so ist es doch sicher, dass derartige Vorkommnisse nicht zu den Unmöglichkeiten gehören. Ich erinnere mich, dass mit dem Tabak in der unsaubersten Weise verfahren wird, der allgemeine Kulturzustand der Landbevölkerung gewisser Distrikte ist nicht allzuhoch, Schnupftücher und Nachtgeschirre sind Luxusartikel, und Aborte sind erst eine Errungenschaft der neueren Zeit. Das Ausspucken auf den Fussboden ist natürlich gang und gäbe. Nie vergesse ich den Anblick, der sich mir einmal bei dem Besuch eines kranken Arbeiters bot. Der Mann lag in einem breiten Bett an der Wand und vermochte nicht, seinen Auswurf über die Bettstelle hinweg, auf den Fussboden zu befördern. Er half sich, indem er an die benachbarte Wand spuckte und dieselbe in 1 m Höhe dicht mit Auswurfballen dekorierte.

Erhöht wird die mangelnde Sauberkeit bei manchen Tabakarbeitern noch durch den Umstand, dass die mitarbeitende Frau zu sehr von ihren Hausfrauenpflichten abgelenkt wird. Die Luft in den Wohnungen ist besonders im Winter häufig stark verunreinigt. Die Fenster werden nicht geöffnet, da der Zigarrenarbeiter leicht friert infolge zu geringer Körperbewegung bei der Arbeit. Die Oefen in den Stuben werden im Winter gleichzeitig zum Kochen, Heizen und Trocknen des für die Einlage bestimmten Tabaks benutzt. Die zum Trocknen nötige Wärme vermehrt aber gleichzeitig die Tabakausdünstung und Staubentwicklung. Wenn dann noch am Ofen eine Portion Kinderwäsche oder Windeln zum Trocknen hängt, während im Kochtopf das Mittagsessen brodelt, so kann man sich von der Beschaffenheit der Luft in diesen Räumen einen Begriff machen. Besonders schlimm sieht es bei lungenkranken Hausarbeitern aus, der Auswurf trocknet auf dem Fussboden ein und

---

1) Denkschrift der Handelskammer zu Minden und des Westfälischen Tabakvereins zum Entwurf wegen Aenderung des Tabaksteuergesetzes an den Deutschen Reichstag vom 5. Januar 1906.

2) Referat im Berliner Tageblatt. No. 60 vom 2. Febr. 1906.

vermengt sich dort mit dem Tabakstaub. Bedenkt man, dass oft zahlreiche Kinder in derartiger Umgebung aufwachsen, so kann man sich eines gelinden Schauders nicht erwehren. Häufig ist nur ein gemeinsames Waschgefäss für die ganze Familie vorhanden, und das gebrauchte Wasser wird oft noch von mehreren benutzt. Womöglich dient aber diese Waschschüssel auch noch mittags als Essgeschirr. Kein Wunder also, wenn bei einer derartigen Unsauberkeit sowohl bei der bäuerlichen wie bei der Zigarrenarbeiterbevölkerung der Verbreitung der Tuberkulose Tür und Tor geöffnet ist. Dabei herrschte in Westfalen früher und vielleicht auch jetzt noch vielfach die Gewohnheit, zu 2, 3 oder mehr in einem grossen Bett zu schlafen, ja in kinderreichen Familien kam es früher wohl einmal vor, dass in einem grossen Bett die Kinder vis à vis schliefen, so dass das Fussende für die einen das Kopfende für die anderen bildete.

An das Reinigen der Zimmer denkt man nur am Sonnabend. Dann wird die mit Sand gestreute Stube nach spärlicher Besprengung des Fussbodens mit einem groben Besen ausgefegt und dabei massenhafter Staub aufgewirbelt.

In Baden war mit der Einführung der Zigarrenindustrie der Besitz eines eigenen Hauses die Regel, aber mit der Zeit nahm das Zurmietewohnen zu[1]). Mit der Zunahme der Industrie verschlechterten sich die Wohnungsverhältnisse, da der Neubau von Wohnungen mit der Zunahme der Industrie nicht gleichen Schritt hielt. Die wohlhabenden Amtsstädte Wiesloch und Schwetzingen zeigen die geringste, die ärmeren Dörfer die grösste Wohnungsdichtigkeit. Nach einer Statistik von 1885[2]) kamen beispielsweise in

	Personen auf 1 Wohnraum	Zigarrenarbeiter in pCt. der Bevölkerung
Wiesloch . . .	1,53	5,51
Rauenberg . . .	2,23	27,54
St. Leon . . .	2,18	17,02
Schwetzingen . .	1,52	4,88
Hockenheim . .	2,21	18,87
Neulussheim . .	2,52	31,73
Edingen. . . .	1,84	11,16

Schon an dieser Stelle sei erwähnt, dass die Orte mit grosser Wohnungsdichtigkeit in Baden auch eine grössere Tuberkulosesterblich-

---

1) Wörishoffer, l. c. S. 216.
2) Wörishoffer, l. c. S. 78.

keit aufweisen. Nach den bei Brauer[1]) gemachten Angaben kamen in den Jahren 1893—1897 von 100 Gestorbenen auf das Konto der Tuberkulose:

in Wiesloch . . 12,83 pCt.   in Hockenheim . 20,85 pCt.
„ Rauenberg . 15,67 „   „ Neulussheim . 16,30 „
„ St. Leon . . 18,22 „   „ Edingen . . 12,22 „
„ Schwetzingen 11,16 „

Ueber geradezu jämmerliche Wohnungen der Arbeiter und zwar der Heimarbeiter wurde noch neuerdings aus Bremen berichtet[2]). Dort finden sich viele Wohnungen in engen Höfen und Gängen. Durch Abvermieten sind sie noch verkleinert. Derselbe Raum dient als Arbeits-, Wohn- und Essraum, manchmal auch noch zum Schlafen. Es wurden Zimmer ermittelt, die nur 2 cbm Luftraum pro Person hatten. In derartig elenden Löchern verbringen dann noch kranke, tuberkulöse Arbeiter mit einer mehr oder weniger grossen Anzahl von Kindern bei geringem Lohn ihr trauriges Dasein. Derartige „Wohnungen" sind wahrhafte Nährböden der Tuberkulose.

Die Arbeitszeit.

Die Arbeitszeit schwankt in der Tabakindustrie zwischen 9 und 11 Stunden im allgemeinen. Während es üblich ist, dass in den Rauch-, Kau- und Schnupftabakfabriken sowie in den Zigarettenfabriken die Arbeiter eine regelmässige Arbeitszeit innehalten, wird in der Zigarrenarbeit häufig auch bei Fabrikbetrieb die regelrechte Arbeitszeit nicht innegehalten. Beispielsweise bleiben in der Zeit der Feld- und Gartenbestellung wie zur Erntezeit vielfach die Arbeiter eine Zeitlang der Fabrik fern, um den Bauern zu helfen oder die eigene Wirtschaft zu besorgen. Dieser Zustand kommt den Fabrikanten häufig sehr gelegen, da die letzteren den Arbeiter in der geschäftlich flauen Zeit gern entbehren.

Noch unregelmässiger ist der Fabrikbetrieb in Baden und Württemberg. Die Arbeiterinnen können kommen und gehen wie sie wollen und sich innerhalb der Fabrikszeit nach Belieben beschäftigen. Die

---

1) Brauer, Das Auftreten der Tuberkulose in Zigarrenfabriken. Beiträge zur Klinik der Tuberkulose. Würzburg. A. Stubers Verlag (C. Kabitzsch). 1903. S. 21 und 24.

2) Jahresberichte der Gewerbeaufsichtsbeamten. 1907. Bd. 3. H. 3. S. 39.

Frauen bleiben häufig 3—4 Stunden aus der Fabrik fort[1]). Zur Zeit der Hopfenernte sind die Fabriken vielfach 14 Tage geschlossen.

In der Hausarbeit ist die Arbeitszeit natürlich gänzlich unbestimmt. Oft wird bis in die Nacht hinein gearbeitet, nachdem vielleicht am Tage mehr oder weniger Zeit vertrödelt worden ist. Für kranke und invalide Personen ist der Umstand, dass sie sich die Arbeit nach Belieben einrichten können, wohl von Wert, andererseits besteht aber auch die Gefahr der Ueberarbeitung, da erhöhte Leistung erhöhten Verdienst bringt.

Die Arbeitszeit in den Zigarettenfabriken, welche ursprünglich 10 bis $10^{1}/_{2}$ Stunden betrug[2]), hat in vielen Fabriken neuerdings nach dem Vorgange von Dresdener Fabriken eine Verkürzung auf $9—9^{1}/_{2}$ Stunden erfahren. Vielfach wird um 7 Uhr morgens mit der Arbeit begonnen, und um 5 Uhr nachmittags aufgehört. Dabei werden entsprechende Frühstücks- und Mittagspausen gewährt. Die Arbeitsleistung der ebenfalls in Akkord arbeitenden Arbeiter hat dabei nicht abgenommen.

Im übrigen kann bezüglich der Arbeitszeit auf die Bestimmungen der Gewerbeordnung (§§ 135—139 b) verwiesen werden, von denen die des § 135 bereits erwähnt wurden.

Ferner sind noch folgende Vorschriften von Wichtigkeit:

Für jugendliche Personen zwischen 14 und 16 Jahren sind die § 136 entsprechenden Pausen vorgeschrieben, Nachtarbeit ist ausgeschlossen, für den Genuss frischer Luft in den Pausen ist gesorgt und ebenso für die Sonntagsruhe.

Arbeiterinnen dürfen ebenfalls nicht nachts beschäftigt werden und geniessen bezüglich der Arbeitszeit noch besondere Vergünstigungen (§ 137).

Kontrollmassregeln sieht der § 138 vor, welcher bestimmt, dass jugendliche Arbeiter der Ortspolizei anzumelden sind, und dass im Fabrikraum ein Verzeichnis derselben anzubringen ist.

Das Gesetz „betreffend die Herstellung von Zigarren in der Hausarbeit"[3]) bestimmt, dass junge Leute nicht zwischen 8 Uhr abends und 8 Uhr morgens beschäftigt werden, sowie auch nicht am Sonntag und Festtag, und schreibt eine mindestens zweistündige Mittagspause vor.

---

1) Wörishoffer, l. c. S. 17 und Jahresberichte der Gewerbeaufsichtsbeamten. 1901. Bd. 2. H. 4. S. 112.

2) Bormann, l. c. S. 80.

3) Enthalten im Tabak- und Zigarrenkalender für das Jahr 1910. Hamm (Westf.). Leipzig. Verlag Theodor Otto Weber.

Für erwachsene Heimarbeiter und Arbeiterinnen kennt das Gesetz keine bestimmte Arbeitszeit und verbietet weder die Nacht noch die Sonntagsarbeit, sodass hier die äusserste Ausnutzung der Arbeitskräfte in keinerlei Weise behindert ist[1]).

Die Löhne.

Die Löhne sind im allgemeinen niedrig, besonders aber in Baden, wo sie zu den geringsten gehören, welche in der Industrie des Landes gezahlt werden[2]). Bestimmend sind in dieser Hinsicht hauptsächlich folgende Umstände:

Die Tabakarbeit erfordert keine grössere Körperkraft und kann von schwächlichen Personen ausgeführt werden, welche in anderen Berufen nicht brauchbar und daher bereit sind, ihre Arbeitskraft à tout prix zu verkaufen. Zudem kommt die starke Beteiligung der Frauen in Betracht, welche durchweg billiger arbeiten als Männer und den Preis herabdrücken. Weiter ist infolge des Hineintragens der Zigarrenindustrie in die kleinsten Dörfer und des Systems der Hausindustrie ein grosses Angebot von Arbeitskräften vorhanden, wodurch natürlich die Löhne gedrückt werden.

Manchen Gegenden, wo eine zahlreiche arme Bevölkerung vorhanden war, ist zweifellos durch die Einführung der Zigarrenindustrie ein hoher sozialpolitischer Nutzen erwachsen. Andererseits muss man aber sagen, dass durch die Bevorzugung der ärmeren Gegenden der standard of life des Zigarrenarbeiters an sich nicht gehoben ist. Die Abwanderung der Industrie aus den teueren Hansestädten nach dem billigen Mittel- und Süddeutschland und damit auch nach Gegenden mit schlechteren hygienischen Verhältnissen (Tuberkulosebezirke, unsaubere, ärmliche Bevölkerung) hat die Gesundheitsverhältnisse des Tabakarbeiterstandes ungünstig beeinflusst.

Es ist ferner nicht nur durch die zunehmende Hausarbeit der Durchschnittslohn an sich gedrückt worden, sondern man muss ausserdem bei den vielen Klagen der Arbeiter annehmen, dass die Hausarbeiter nicht immer dieselbe Höhe des Verdienstes erreichen wie die Fabrikarbeiter.

---

1) Francke, Die gesetzliche Regelung der Heimarbeit in der Zigarrenindustrie. Soziale Praxis. 16. Jahrg. 1907. No. 31. Verlag von Duncker & Humblot. Leipzig.
2) Wörishoffer, l. o. S. 4.

Einerseits ist das die Folge davon, dass der Hausarbeiter weniger in der Akkordarbeit — um solche handelt es sich in der Zigarrenindustrie ausschliesslich — leistet, da das anfeuernde Beispiel der anderen Arbeiter fehlt, und Familiensorgen und andere Dinge häufig von der Arbeit ablenken, andererseits aber muss man auch annehmen, dass der Hausarbeiter manchmal deshalb mit dem besten Willen nicht imstande ist, in der Zeiteinheit denselben Verdienst zu erzielen wie der Fabrikarbeiter, weil er zuweilen schwerer zu bearbeitenden, unvorbereiteten und knapper bemessenen Tabak geliefert bekommt. Dass derartige Verhältnisse vorkommen, ist sicher[1]). Wenn dabei in der Heimarbeit derselbe Akkordlohn bezahlt wird, wie es in der westfälischen Zigarrenindustrie der Fall sein soll[2]), so trifft dieser Einwurf den Kern der Sache nicht.

In der Zigarettenindustrie scheint der Lohn der Heimarbeiterinnen den der Fabrikarbeiterinnen noch weniger zu erreichen, da hier die Arbeit vielfach von verheirateten Frauen im Nebenerwerb geleistet wird, welche, wie wie wir das häufig auch in anderen Erwerbszweigen sehen, sehr geringe Lohnforderungen stellen[3]).

Die Folge der geringen Entlohnung in der Zigarrenarbeit, der ja die weitaus grösste Anzahl der Tabakarbeiter angehört, ist die Mitarbeit von Frau und Kindern, da nur auf diese Weise vielfach ein auskömmlicher Verdienst erzielt werden kann. Die Kehrseite dieser Erscheinung ist Vernachlässigung des Hauswesens seitens der Frau, ungenügende Sorgfalt in der Zubereitung der Mahlzeiten, schlechte Ernährung usw.

Abgesehen von wenigen Elitearbeitern in den Hansastädten und deren Umgebung, welche teurere Zigarren bei besseren Löhnen fabrizieren, war die Lage des Gros der Zigarrenarbeiter vielfach eine kümmerliche und gedrückte[4]).

In letzter Zeit dürften sich die Löhne, wie überall, so auch in der Tabakfabrikation gebessert haben, jedoch erreichen dieselben lange nicht die Höhe wie in anderen Industrien. Die Akkordsätze pro

---

1) Jaffé, l. c. S. 330.
2) Vergl. die Ausführungen des Fabrikanten W. Schöning in Vlotho in „Das deutsche Tabakgewerbe“. Zwanglose Mitteilungen des Deutschen Tabakvereins. Herausgegeben im Auftrage des Vorstandes von Syndikus J. Schlossmacher. Frankfurt a. M. 2. Jahrg. No. 6. 1. Aug. 1907.
3) Bormann, l. c. S. 111.
4) Jaffé, l. c. S. 319.

1000 Zigarren betragen zwischen 7—9 M. und erreichen bei den allerteuersten Sorten den Satz von 30 M., wobei aber in Betracht zu ziehen ist, dass bei diesen komplizierte Façons zur Anwendung kommen, welche zur Herstellung längere Zeit und grössere Geschicklichkeit erfordern. Immerhin haben die Arbeiter der teureren Sorten einen besseren Verdienst. Der Arbeitsverdienst der Tabakarbeiter (= Zigarrenarbeiter) betrug in Hamburg durchschnittlich 935 M., in Bremen 865 M., in Lübeck 722 M., in Oldenburg 580 M., in Westfalen 640 M., in Baden 497 M., in Schwarzburg-Sonderhausen nur 387 M.[1]

Der Unterschied ist nun nicht so gross, wie er scheint, wenn man bedenkt, dass in den ländlichen Distrikten mancher Arbeitstag fortfällt, weil die Arbeiter zeitweise in der Landwirtschaft tätig sind. Bei den Grossstadtarbeitern fällt dieses Moment fort und so dürfte deren Verdienst das Ergebnis von etwa 300 Arbeitstagen sein. Zieht man das teuere Leben und die hohen Wohnungsmieten in Betracht, so muss der für Hamburg und Bremen ausgerechnete Durchschnittslohn als ein nicht ausreichender bezeichnet werden.

Zu diesem geringen allgemeinen Verdienst kommt hinzu, dass die Zigarrenarbeiter einzelner Gegenden manchmal und auch in letzter Zeit noch unter vorübergehenden Geschäftsstockungen zu leiden hatten, infolge Zollerhöhung z. B. im Bezirk Minden[2]. Vor der Zollerhöhung starke Nachfrage nach Zigarren, nach derselben Stocken des Verkaufs, Arbeiterentlassungen in grosser Zahl und Arbeitslosigkeit, sodass beispielsweise bis Ende Dezember 1909 beim Hauptzollamt in Minden 13 000 Gesuche beschäftigungsloser Zigarrenarbeiter eingegangen waren, welche Unterstützung aus dem zu diesem Zweck bestimmten Viermillionenfonds erbaten.

Lebenshaltung, Ernährung und damit auch Gesundheit dieser Arbeiterklasse werden durch solche Erschütterungen des Arbeitsmarktes ungünstig beeinflusst. Die Löhne der Rauch-, Kau- und Schnupftabakarbeiter entsprechen denen der Zigarrenmacher.

Ein besseres Bild zeigen die Löhne der Zigarettenarbeiter, welche bei den einzelnen Fabriken nicht unerheblich differieren.

Nach Graack[3] verdienten die Tabakschneider von fünf verschiedenen Fabriken 3,54—4,89 M. pro Tag, der Tagesverdienst der

---

1) Grotewald, l. c. S. 135.
2) Jahresberichte der Gewerbeaufsichtsbeamten. 1909. Bd. 1. H. 1. S. 321.
3) l. c. S. 33.

Tabakssortiererinnen betrug 1,87—3,28 M., der Zigarettenarbeiterinnen 2,52—2,94 M., der Etikettiererinnen und Bandoliererinnen 1,87—3,18 M. In Westpreussen verdienen die Arbeiterinnen im Akkord bis zu 18 M. pro Woche. Geklagt wird dort über unregelmässiges Erscheinen der Arbeiterinnen, sobald ihr Guthaben eine Höhe von 12—15 M. erreicht hat[1]), gewiss ein Zeichen, dass die Löhne eine ausreichende Lebenshaltung gestatten.

Die Heimarbeiterinnen verdienen weniger. Bormann behauptet sogar, dass derselbe in einer grösseren Fabrik nur 6—8 M. pro Woche betragen habe. Jedoch scheinen auch höhere Löhne (bis zu 2,50 M. pro Tag) erzielt zu werden[2]). Zeit- und Akkordlohn wechseln miteinander ab, indessen gebührt dem Akkordsystem der Vorrang[3]).

Im allgemeinen kann man sagen, dass der Verdienst der Zigarettenarbeiterinnen denselben einen auskömmlichen Lebensunterhalt gewährt.

Dazu ist in den grossen Fabriken durch die Einrichtung von Fabrikküchen noch Gelegenheit geboten, zu billigen Preisen gute und nahrhafte Speisen zu erhalten[4]).

Die Ernährungsverhältnisse

der Zigarrenarbeiter sind entsprechend dem geringen Lohn, zum Teil ungünstige. Bei den badischen Arbeitern betrug nach den eingehenden Untersuchungen Wörishoffers[5]) — es sei allerdings nochmals darauf hingewiesen, dass die Arbeit W.'s aus dem Jahre 1889 stammt — der Fleischgenuss häufig nur 20—30 g pro Tag und überstieg selbst in Fällen reichlichster Ernährung nicht 70—85 g, dabei wurden ausserdem noch zu geringe Fettmengen verwandt selbst bei genügendem Kochverständnis der Frau, die Amylaceen, Schwarzbrot, Kartoffeln wogen vor, Eier waren ein seltener Artikel.

Die Ernährung der Kinder liess auch häufig zu wünschen übrig, der Milchkonsum entsprach nicht immer der Zahl und dem Alter der Kinder.

Nach der Ansicht zahlreicher neuerer Beobachter aus Baden ist die mangelhafte Ernährung, bei welcher der Kaffee und das Bier selbst bei den Mittagsmahlzeiten eine grosse Rolle spielen, weniger eine Folge des ge-

---

1) Jahresbericht der Gewerbeaufsichtsbeamten. 1903. Bd. 1. H. 1. S. 16.
2) Graack, l. c. S. 30.
3) Graack, l. c. S. 37.
4) Bormann, l. c. S. 94.
5) l. c. S. 114 u. 177.

ringen Verdienstes, als ein Resultat der unordentlichen Haushaltsführung der Frauen[1]). Sie lernen nichts vom Kochen, sondern laufen gleich nach der Schulentlassung in die Fabrik. Indessen ist dieser Umstand doch auch wieder durch die niedrigen Löhne verursacht, welche ein möglichst frühzeitiges Mitarbeiten der Kinder erwünscht machen.

Wörishoffer fand auch die Qualität der Nahrung häufig unpassend. Er meint sicher mit Recht, dass die grobe Kost der Bauern, welche von den meisten Arbeitern genossen werde, für letztere nicht so gut assimilierbar sei wie für die schwer körperlich arbeitenden Landarbeiter.

Dass die Nahrung nicht immer der bei der sitzenden Lebensweise verminderten verdauenden Kraft des Magens entspricht, habe ich auch in Westfalen beobachtet.

Gelegentlich der Anfrage der Königl. Regierung zu Minden über die Frage der Unternährung auf dem Lande sprachen sich die Landräte der Kreise Herford, Lübbecke und Minden[2]) dahin aus, dass sich die Ernährung auch der unteren Klassen gegen früher bedeutend gehoben und der Fleischkonsum zugenommen habe. Allerdings weist auch der Landrat von Herford darauf hin, dass die Frauen der Zigarrenarbeiter oft nichts vom Kochen verstehen, da sie gleich aus der Schule in die Fabrik kommen und später infolge Ueberlastung mit Zigarren- und Hausarbeit keine Zeit zum Kochen finden.

Ueber diesen Punkt ergehen sich auch anderswo viele Beobachter in lebhaften Klagen. Klehe[3]) berichtet aus Baden, dass die Speisen nicht nach ihrer Zweckmässigkeit, sondern nach ihrer schnellen Zubereitungsmöglichkeit ausgesucht werden. Eine schnell abgekochte Wurst oder nur etwas kalte Küche bildeten oft die Hauptmahlzeit.

Wie sehr unter diesen Verhältnissen Sauberkeit und Ordnung leiden, kann man sich denken. Sehr drastisch schildert diese Verhältnisse eine Hebamme in Hessen, deren Bericht ich wörtlich folgen

---

1) W. Hofmann, Beitrag zur Kenntnis der Tuberkuloseverbreitung in Baden. Beiträge zur Klinik der Tuberkulose. Herausgeg. von Dr. Ludolf Brauer. Würzburg. 1903. A. Stubers Verlag.

2) Berichte der Landräte von Minden, Lübbecke und Herford an die Königl. Regierung von Minden vom 26. 3. 1908, 17. 2. 1908 und 11. 4. 1908. Akten der Königl. Regierung zu Minden i. W.

3) Klehe, Der Haushalt der Arbeiter, insbesondere der Zigarrenarbeiter des Amtsbezirks Bruchsal. Das Rote Kreuz. 1903. No. 3.

lasse[1]). Dieselbe schreibt: „Es sind hier 20—30 junge Frauen, die den Tabak nach Hause bringen und ihn in der Wohnstube bei ihren Kindern verarbeiten und ebensoviel, die in die Fabrik gehen und die Kinder anderwärts in Pflege geben. Man findet überall Mangel am Kochen und Reinhalten im Haushalt. Es sind hier Frauen, die 4—5 Kinder haben und in die Fabrik gehen, dabei muss doch eins Not leiden. Sie meinen, die Hauptsache sei, wenn sie nur Geld verdienen. An ihre und ihrer Kinder Gesundheit wird dabei nicht gedacht.“

Da die Frauenarbeit in der Zigarrenindustrie sehr ausgedehnt ist — in Baden sind sogar von allen Tabakarbeitern 68 pCt. weiblichen Geschlechts —, so müssen diese Uebelstände in die Lebensweise zahlreicher Arbeiterfamilien tief einschneiden.

Für Baden kommen dazu noch unerfreuliche Verhältnisse ganz besonderer Art. Zwar haben hier die Frauen die Möglichkeit, die Arbeitszeit in den Fabriken ganz nach ihrem Belieben einzurichten, indessen zwingt sie die materielle Not, die Arbeitszeit möglichst auszudehnen. Im badischen Unterland finden sich viele Familien, in denen Frauen und erwachsene Töchter Fabrikarbeit leisten, während der Mann Hausarbeit verrichtet und von seinem Arbeitsplatz oft zahlreiche jüngere Kinder bis ins zarteste Alter beaufsichtigt und das Mittagessen besorgt. Anscheinend wird diese Erscheinung dadurch hervorgerufen, dass die Frau an Handfertigkeit dem Manne, dessen Finger von der Landwirtschaft ungelenkig geworden sind, überlegen ist.

Aehnliche Zustände werden aus einer Gemeinde des Oberlandes berichtet. Der Mann verrichtet im Winter die Hausarbeit und versorgt die Kinder, während die Frau in der Zigarrenfabrik arbeitet. Die Folge davon ist, dass den Säuglingen die Mutterbrust entzogen wird, ferner leiden Sauberkeit und Ordnung in der Hauswirtschaft. Die hohe Kindersterblichkeit in der betreffenden Gemeinde ist das Resultat dieser unerfreulichen Verhältnisse[2]).

Sittliche Zustände.

Unter den Zigarrenarbeitern werden vielfach frühe Ehen ohne genügende Subsistenzmittel geschlossen. Infolge des Zusammenarbeitens junger Leute in den Fabriken kommt es häufig zu frühzeitigem Geschlechtsverkehr, dessen Produkte meist durch eine früh geschlossene

---

1) Internationale Uebersicht über Gewerbehygiene. Von Dr. E. D. Neisser in Berlin. Verlag Gutenberg, Berlin W., Lützowstr. 105. Bibliothek für soziale Medizin, Hygiene u. Medizinalstatistik von Dr. Rudolf Lennhoff. No. 1. S. 126.

2) Jahresbericht der Gewerbeaufsichtsbeamten. 1904. Bd. 2. H. 5. S. 30.

Ehe legitimiert werden. Das sittliche Verhalten der Zigarrenarbeiter hat häufig zu Klagen Veranlassung gegeben. Man hat vielfach geglaubt und muss auch heute noch daran festhalten, dass das eingeatmete Nikotin eine erregende Wirkung auf die Geschlechtsorgane ausübe, indessen darf man nicht ausser Acht lassen, dass der geschlechtliche·Verkehr zum grössten Teil eine Folge des ungenierten Umganges der Geschlechter in den Fabriken ist. Der Unterhaltungston ist häufig ein lasciver. Zudem ist in manchen ländlichen Bezirken der Konsum von Schnaps nicht ganz unbedeutend, dem auch die Mädchen wohl hin und wieder zusprechen, und häufig wird der Alkohol den Anreiz zum Geschlechtsverkehr fördern.

Die Aufsicht in den Fabriken ist durchaus nicht immer mustergültig, es fehlt den Werkmeistern häufig die erforderliche Autorität. Leider sind auch die Fälle von Sittlichkeitsdelikten seitens der Werkmeister an ihnen unterstellten Arbeiterinnen ziemlich häufig. Die Berichte der Gewerbeinspektoren bringen zahlreiche Fälle derart[1]).

Kindersterblichkeit.

Die ungünstigen Lebens- und Arbeitsverhältnisse sind von bedeutsamen Folgen für die Gesundheit der Kinder.

Aeltere Berichte[2]), nach denen in der Milch von Tabakarbeiterinnen Nikotin gefunden worden sein soll und das Fruchtwasser nach Tabak gerochen haben soll, sind allerdings mit Misstrauen aufzunehmen und als Erklärung für eine grössere Kindersterblichkeit nicht verwertbar. Grössere Kindersterblichkeit ist schon früher bei den Kindern der Tabakarbeiterinnen beobachtet worden. Man will bemerkt haben, dass von den Kindern 10 pCt. mehr starben, wenn sie von eigenen Mutter, als wenn sie von Fremden gestillt wurden und schob dies auf die Wirkung des von den Müttern eingeatmeten Nikotins[3]).

Indessen dürfte der Grund anderswo zu suchen sein, die Ursache ist vielmehr mangelhafte Pflege und schlechte Ernährung.

Ueber die Frage, ob das Stillvermögen der Zigarrenarbeiterinnen geringer ist als z. B. das der Bäuerinnen, hat ein Kreisarzt in Hessen gelegentlich der Impftermine und durch Befragen der Hebammen Untersuchungen angestellt. Die Hebammen erklärten einen Unterschied

---

1) Jahresbericht der Gewerbeaufsichtsbeamten. 1904. Bd. 2. H. 2. S. 39 ff.

2) Fr. Dornblüth, Die chronische Tabakvergiftung. Volkmanns Sammlung klinischer Vorträge. No. 121. Leipzig. 1877. Breitkopf & Härtel.

3) Dr. Popper, Lehrbuch der Arbeiterkrankheiten und Gewerbehygiene. Stuttgart 1882.

nicht beobachtet zu haben. Das nur kleine Material erstreckte sich auf 9 Dörfer, wo die Zigarrenindustrie heimisch war, und ergab, dass von 260 Bäuerinnen 43 = 16,5 pCt., von 108 Zigarrenarbeiterinnen 25 = 23,1 pCt. nicht stillten. Den höheren Prozentsatz der Zigarrenarbeiterinnen erklärt der betreffende Arzt dadurch, dass die letzteren zum Zwecke des Stillens die Fabrik nicht gern verlassen, und dass unter diesen Frauen sich viele Erstgebärende fänden, die wegen mangelhafter Vorbereitung der Brüste (Schrunden, Brustdrüsenentzündung) das Stillen schon im Anfang aufgeben müssen. Eine Einwirkung der Tabakarbeit auf das Stillen müsse in Abrede gestellt werden[1].

Auch ich selbst erinnere mich nicht, bei den westfälischen Arbeiterinnen eine geringere Stillfähigkeit gefunden zu haben, dagegen leidet die Kinderpflege stark, weil die Frau keine Zeit dafür hat. Wenn die Mütter nicht stillen, sieht es um die Ernährung der Säuglinge oft recht übel aus. Ich habe die unglaublichsten Saugflaschen gesehen, dunkelgrüne Bierflaschen mit schmutzigem, festgebundenem Sauger darauf, aber auch Blechflaschen, deren Vorteil in den Augen vieler Frauen wohl darin bestand, dass man die Milchkrusten in denselben nicht sehen konnte und daher die Flaschen auch nicht zu säubern brauchte.

In Baden, wo die Frauen viel in die Fabrik gehen, werden die Kinder häufig den älteren Kindern oder alten schmutzigen Weibern anvertraut[2]. So ist es denn nicht zu verwundern, dass 1898 der an Zigarrenfabriken reiche Amtsbezirk Bruchsal mit 31,8 pCt. der Kindersterblichkeit an der Spitze Badens stand und auch in früheren Jahren den Landesdurchschnitt um 22 pCt. überragte. In den mit Zigarrenindustrie besetzten Aemtern Ettenheim, Lahr, Bruchsal, Wiesloch und Schwetzingen betrafen von 100 Todesfällen im Jahre 1887 34,4 bis 48,8 pCt. Kinder unter einem Jahr, im Grossherzogtum 31,7 pCt.

Der Gewerbeinspektor in Wesel teilt folgendes mit[3]: In einer Stadt seines Bezirkes mit 9334 Einwohnern kamen 422 Geburten und 223 Todesfälle vor. Von den letzteren entfielen 107 auf Kinder unter einem Jahr. Die Kindersterblichkeit in den Familien der Zigarrenmacher betrug das Dreifache des Durchschnittes bei der Gesamtbevölkerung.

---

1) Jahresbericht der Gewerbeaufsichtsbeamten. 1906. Bd. 3. H. 6. S. 103.
2) Klehe, l. c. S. 39.
3) Jahresberichte der Gewerbeaufsichtsbeamten. 1902. Bd. 1. H. 1. S. 337.

Man sieht, wie grell in dieser Hinsicht die Schäden der Frauenarbeit, sowohl der Haus- wie der Fabrikarbeit hervortreten.

Dass auch die älteren Jahrgänge der Kinder, wenn sie in dem Staub und Dunst der Hausindustrie aufwachsen oder ungenügend und schlecht ernährt werden, schlecht gedeihen und zu Schwächlingen heranwachsen, darf nicht wunder nehmen. Werden sie zudem mit zur Arbeit herangezogen, so müssen die Berufskrankheiten der Erwachsenen in ganz besonderem Masse die weniger widerstandsfähigen Kinder bedrohen.

Interessant ist in dieser Hinsicht der schon erwähnte Bericht des Landrats von Herford an die Regierung zu Minden vom 11. 4. 1909. Derselbe schreibt: „Der Ersatz aus den Dörfern, in denen die Zigarrenarbeit schon in der zweiten Generation betrieben wird, ist erbärmlich“.

Die gewerbliche Schädlichkeit der Tabakausdünstungen und des Tabakstaubes.

Das ohne sie schon in gesundheitlicher Hinsicht nicht immer erstklassige und teilweise infolge mangelhafter Ernährung weniger widerstandsfähige Arbeitermaterial ist bei dem Berufe den Schädlichkeiten der Tabakausdünstung und stellenweise starker Staubentwicklung ausgesetzt. Durch neue gesetzliche Vorschriften sind die Schädigungen in gewissem Masse gemildert worden.

Der wesentlichste und für uns allein in Betracht kommende Bestandteil des Tabakdunstes ist das Nikotin.

Seine Aufnahme erfolgt:

1. durch die Haut,
2. durch Einatmung des Tabakdunstes beim Trocknen und Fermentieren,
3. durch den Staub.

Dass durch die Haut des Arbeiters eine unter Umständen reichliche Nikotinaufnahme erfolgen kann, wird verständlich. wenn man sich vergegenwärtigt, dass das Nikotin in Wasser löslich ist, und dass der Tabak ja vielfach feucht verarbeitet werden muss. Dass eine derartige längere Berührung einer grösseren Hautfläche mit Tabak sogar bedenkliche Erscheinungen machen kann, beweist der vielfach in der Literatur erwähnte Fall von Tardieu, welcher einen Fall von Nikotinvergiftung bei einem Manne beobachtete, der zu Defraudationszwecken Tabakblätter auf der blossen Haut getragen hatte[1]).

1) Referat einer Arbeit von Louis Poisson in Vierteljahrsschrift f. ger. Med. Neue Folge. Bd. 36. 1882. S. 357.

Die Tabakausdünstungen sind besonders stark beim Rösten des Rauchtabaks auf Eisenplatten sowie in den Trockenräumen der Zigarrenfabriken. Da das neue Gesetz „über die Herstellung der Zigarren in der Hausarbeit" das Trocknen in den Wohn- und Arbeitsräumen nur unter besonderen Vorsichtsmassregeln gestattet, so mag der Tabakdunst in den Wohnungen wohl etwas geringer werden, zumal auch die Menge des vorrätig zu haltenden Tabaks für die Hausindustrie reduziert ist. Voraussetzung ist allerdings die Beobachtung der gesetzlichen Bestimmungen, mit welcher es bis jetzt noch recht oft hapert.

Genauere, analytische Untersuchungen über den Nikotingehalt der Luft in den Tabakräumen liegen nicht vor.

Stephani[1] meint, dass bei täglicher Verarbeitung von 5 kg Tabak in ganz geringer Entfernung von Mund und Nase durch die Hand des Arbeiters 100 g freies Nikotin gingen. Von diesem Quantum brauche nur eine kleine Menge durch die Atmungsluft aufgenommen zu werden um toxische Wirkungen erzeugen. Wir haben im Anfange dieser Arbeit angeführt, dass dazu bereits 0,003 g genügen.

Die dritte Art der Nikotinaufnahme erfolgt durch Einatmung des Staubes.

In dieser Beziehung sind die Resultate der Untersuchungen Heuckes von Interesse.

Heucke[2] fand in 1000 Litern Luft während der Arbeitszeit in der Höhe der Atemzone 63 mg Staub, während die Luft im Freien auf dem Lande nach Miquel selbst bei trockenem Wetter nur 3 bis 4,5 mg enthält[3], dabei enthielt dieser Staub 0,56 pCt. Nikotin. Wenn man nun mit Rubner[4] annimmt, dass ein Erwachsener in 24 Stunden 9 cbm Luft einatmet und eine achtstündige Arbeitszeit in Betracht zieht, so beträgt die durch die Atmung von 3 cbm Luft aufgenommene Staubmenge 189 mg.

Bei einem Nikotingehalt von 0,56 pCt. würde das eine Nikotinaufnahme von annähernd 0,001 g ausmachen. Zweifellos wird ja ein grosser Teil des Staubes durch die natürlichen Schutzeinrichtungen des Körpers wieder entfernt, aber immerhin kann man sich bei der

---

1) l. c. S. 633.

2) Dr. Heucke, Gewerbeinspektor in Wesel, Die gesundheitlichen Verhältnisse in der Zigarrenindustrie. Soziale Praxis. 12. Jahrg. 1903. Nr. 30. Herausgeber Dr. E. Francke.

3) Praussnitz, Grundzüge der Hygiene. 8. Aufl. 1908. S. 130.

4) Rubner, Lehrbuch der Hygiene. 6. Aufl. 1900. S. 15.

Wasserlöslichkeit des Nikotins vorstellen, dass eine gewisse Menge vor der Entfernung des Staubes resorbiert wird, und dass die fortdauernde Aufnahme des Giftes auf den verschiedenen Wegen nicht ohne nachteilige Folgen bleiben kann.

Früher kam noch hinzu die Unsitte des Abbeissens der Zigarrenspitze mit den Zähnen und des Leckens am Kopfe der Zigarre behufs Festklebens des Deckblattes. Diese unappetitliche und für die Arbeiter durch Nikotinaufnahme schädliche Gewohnheit ist durch die Verordnung des Bundesrats vom 17. 2. 1907 verboten. Dass indessen auch jetzt noch hier und da das Verbot nicht beachtet wird, ist sicher[1]).

Beiläufig erwähnt sei hier die von der Firma Gebrüder Baer in Mannheim zum Schutz der Arbeiter und des Publikums hergestellten klebstofffreien Zigarren, bei denen die Spitze mittels eines Dornes maschinell eingedrückt wird[2]). Diese Methode hat sich sonst nicht eingebürgert.

Dass die Nikotinschädigung in der Hausindustrie bedeutender ist als in der Fabrikarbeit, ist ohne weiteres einleuchtend. Wenn, wie es meist der Fall ist, Schlaf- und Wohn- resp. Arbeitszimmer durch eine Tür verbunden ist, welche nachts geöffnet bleibt, ist der Arbeiter auch nachts nicht ganz den Einwirkung des Tabaks entzogen. Nach einer Statistik aus dem Bezirke Merseburg, welche sich auf 496 Fabrik- und 279 Heimarbeiter erstreckte, erkrankten 0,60 pCt. der Fabrikarbeiter und 2,87 pCt. der Heimarbeiter an Nikotinismus[3]).

In letzter Zeit hat man vielfach die Gefahren des Tabakgiftes unterschätzt und der mechanischen Wirkung des Tabakstaubes eine grössere Bedeutung zugemessen, sicher mit Unrecht.

Wie die akute Nikotinvergiftung, deren Symptome oben geschildert worden sind, sich bei den verschiedensten körperlichen Organen bemerkbar macht, so erzeugt auch die chronische gewerbliche Nikotinwirkung die mannigfachsten Erscheinungen.

Aeltere Autoren wollen bei den Tabakarbeiterinnen in der Milch und Amnionflüssigkeit Tabakgeruch wahrgenommen haben [Kostial[4])].

Poisson[5]) konnte indessen den Tabakgeruch der Milch nicht feststellen. Kostial gibt an, Schneider habe Nikotin im Harn der

1) Jahresbericht der Gewerbeaufsichtsbeamten. 1909. Bd. 2. H. 2. S. 83.
2) Jahresbericht der Gewerbeaufsichtsbeamten. 1909. Bd. 2. H. 5. S. 64.
3) Jahresbericht der Gewerbeaufsichtsbeamten. 1904. Bd. 1. H1. 1. S. 232.
4) Rosenfeld, l. c. S. 129.
5) Vierteljahrsschr. f. ger. Med. Neue Folge. Bd. 36. 1882. S. 357.

Tabakarbeiter nachgewiesen, dagegen wird im „Oesterreichischen Sanitätswesen" angeführt, Netolitzky[1]) habe kein Nikotin im Harn gefunden.

Nach den Mitteilungen Kostials[2]), eines österreichischen Fabrikarztes, erkrankten von 100 jugendlichen Tabakarbeiterinnen 72 in den ersten sechs Monaten nach Beginn der Fabrikarbeit.

Die Krankheitserscheinungen bestanden in Eingenommensein des Kopfes, Kongestionen nach dem Gehirn, Herzklopfen, Präkordialangst, geschwächtem Herzschlag, unterdrücktem Puls, Schwirren der Karotiden, Gastrodynie, Sodbrennen, Erbrechen, Durchfällen, Schlaf- und Appetitlosigkeit, Neurosen verschiedener Art, allgemeiner Ermüdung, Schwersein der Hände und Füsse sowie des ganzen Körpers.

Von anderer Seite[3]) werden als derartige Initialerscheinungen noch erwähnt Hyperästhesien sowie Veränderungen und Störungen in der Neubildung der Blutkörperchen, gelbe Hautfarbe und Neigung zur Furunkelbildung.

Nervöse Erscheinungen mannigfacher Art sowie Herzklopfen, Atemnot, Kopfschmerzen, Zittern in den Extremitäten, abgesehen von chronischem Kehlkopf- und Bronchialkatarrh mit konsekutivem Lungenemphysem, fand auch Dr. Walicka bei 1000 russischen Tabakarbeitern[4]). Er wie Kostial meinen, dass diese Erscheinungen besonders häufig bei jugendlichen Arbeitern und Arbeiterinnen sei.

Chapman[5]) beobachtete bei Tabakarbeitern in den ersten Tagen Erbrechen, Durchfall, Kollaps. Darauf trat Gewöhnung ein. Bei vielen aber setzte trotzdem eine langsame Abmagerung ein. Unter der Tabakeinwirkung soll nach Chapman eine Abnahme der Sekretion des Magensaftes erfolgen sowie eine Zunahme der Peristaltik des Darms. Dadurch würden die eingeführten Speisen zu schnell in das Jejunum befördert. Als materia peccans sieht Chapman das Nikotianin an.

Eine Gewöhnung an das Gift tritt zwar in gewissen Sinne ein insofern, als die geschilderten Beschwerden mit der Zeit weniger auffällig hervortreten. Ein Teil derselben, z. B. die Blutarmut, bleibt bestehen, und ausserdem treten Beschwerden des Magens und anderer

---

1) Rosenfeld, l. c. S. 129.
2) Zitiert bei Stephani, l. c. S. 635.
3) Bierbaum, l. c. S. 337.
4) Zitiert im Reichs-Arbeitsblatt. 2. Jahrg. 1908. Nr. 5. S. 463 ff.
5) Albrecht, l. c. S. 100.

Organe vielfach hervor, bei welchen es allerdings häufig schwer ist, den Wert der konkurrierenden anderen ätiologischen Faktoren genau abzugrenzen.

Jeder, der eine Anzahl von Tabakfabriken gesehen hat, wird die Beobachtung gemacht haben, dass die Tabakarbeiter durchweg ein fahles, blasses Aussehen zeigen. Diese Gesichtsfarbe bekommen mit der Zeit auch die, welche mit blühend roten Wangen in den Beruf eingetreten sind.

Fördernd auf die Blutarmut wirkt das lange Sitzen in vornübergebeugter Haltung, die mangelnde Körperbewegung und die oberflächliche Atmung. Dabei vollzieht sich der Stoffwechsel nur träge, die Blutzirkulation ist gehemmt, und so verweilen die aufgenommenen gewerblichen Gifte verhältnismässig lange im Blut und werden nur langsam ausgeschieden.

Blutarmut und Bleichsucht finden wir natürlich auch bei anderen Stubenarbeitern. Aber bei der Tabakindustrie bleibt keiner ganz verschont und in der Zigarrenhausindustrie kommen als schädliche Momente in dieser Hinsicht noch hinzu die übermässig lang ausgedehnte Arbeitszeit, die Nachtarbeit und die Unterernährung. Dass die Anämie der Tabakarbeiter zu einem grossen Teil allein der spezifischen Wirkung der Tabakgifte zuzuschreiben ist, geht aus einer Statistik Rosenfelds[1]) hervor. Danach erkranken an Blutarmut:

0,77 pCt. aller Arbeiter,
1,32 pCt. der Textilarbeiter,
1,92 pCt. der Zigarrenarbeiter.

Durch reichliche Lüftung der Arbeitsräume und durch strenge Beobachtung des Verbotes des Trocknens von Tabak in den Arbeitsräumen, ferner durch Staubverminderung, Sorge für Reinlichkeit der Hände und des Körpers, sowie durch Entfernung der Tabakarbeit aus den Wohnungen der Hausarbeiter, durch Verkürzung der Arbeitszeit und durch Fernhaltung jugendlicher und schwächlicher Personen von der Tabakarbeit ist sicher zu erreichen, dass die Anämie weniger in die Erscheinung tritt.

Dass diesem Punkte die nötige Beachtung geschenkt wird, ist schon aus dem Grunde allein durchaus notwendig, weil auf dem Boden der Blutarmut sich vielfach später die Tuberkulose entwickelt.

---

1) Zitiert von Stephani, l. c. S. 636.

Ganz und gar beseitigen kann man aber die Anämie der Tabakarbeiter nicht. Rochs ist entschieden im Irrtum, wenn er meint, dass der Grund der Anämie in den betreffenden Personen liege und sich durch geeignete Ventilation beheben lasse[1]).

In welcher Weise und mit welchem Erfolge man neuerdings versucht hat, die Schädigungen durch die Tabakausdünstungen zu verringern, darauf werden wir noch näher einzugehen haben.

Wie die gewerbliche Wirkung der Tabakgifte auf die Arbeiter die verschiedenste Beurteilung erfahren hat, so dass sich neben den düstersten Schilderungen auch ganz optimistische Auffassungen fanden[2]), so ist es auch bei der zweiten Hauptschädlichkeit der Tabakindustrie, der Staubgefahr gegangen.

Auf der einen Seite die Pessimisten, für welche die Tabakarbeit das sichere Verderben der Arbeiter bedeutete, auf der anderen Seite die, welche das Arbeiten in Tabakfabriken sogar für Lungenkranke als gesundheitsfördernd empfahlen.

Keine von diesen extremen Ansichten hat Recht behalten.

Ueber die Art des Tabakstaubes finden wir nähere Mitteilungen in dem Werke von Eulenberg[3]). Nach diesem Autor besteht der Staub besserer Tabake aus zarten Teilen der Blattsubstanz, deren Partikel zwar am Rande zerrissen und eckig sind, und deren Haut mit Glieder- und Drüsenhaaren besetzt ist, welche aber in Feuchtigkeit aufquellen und so weich werden, dass sie die Schleimhaut der Respirationsorgane nicht mechanisch verletzen können. Der Staub geringerer Sorten enthält auch Bruchstücke holziger Rippen sowie auch noch erhebliche Mengen feinen, harten Sandes.

Der Schnupftabakstaub ist dem letzteren ähnlich, jedoch viel feiner und durch die starke Saucierung verschärft und ätzend[4]).

Die chemische Wirkung des Tabakstaubes wurde bereits erwähnt, ebenso wichtig ist die mechanische.

Auch ein an und für sich unschädlicher, indifferenter Staub beeinflusst schliesslich, wenn er massenhaft eingeatmet wird, die Atmungsorgane und den Gesamtorganismus in ungünstigem Sinne und zwar

---

1) Rochs, Ueber den Einfluss des Tabaks auf die Gesundheitsverhältnisse der Tabakarbeiter. Diese Vierteljahrsschr. Neue Folge. 50. Bd. 1889., Suppl.

2) Stabsarzt Dr. Schwabe, Der Tabak vom sanitätspolizeilichen Standpunkte. Diese Vierteljahrsschrift. Neue Folge. 7. Bd. Berlin 1867. S. 57.

3) l. c. S. 923.

4) Eulenberg, l. c. S. 923.

direkt durch fortschreitende Erschwerung des Gasaustausches und in-
direkt durch Begünstigung der Ansiedlung von Krankheitserregern [1]).

Praktisch am wichtigsten ist die Staubinhalation bei der zahlreichen Klasse der Zigarrenarbeiter.

Zwar wird ein Teil des Staubes durch die natürlichen Schutzeinrichtungen der Nase festgehalten und durch Schnäuzen entfernt, jedoch versagt dieser Schutz vielfach, da Zigarrenarbeiter viel an chronischen zur Schleimhautatrophie führenden Nasen- und Kehlkopf-
katarrhen, sowie an trockenen Bronchialkatarrhen leiden [2]).

Es ist das auch eigentlich ganz erklärlich, denn grössere Staub-
mengen werden nicht ganz in den oberen Luftwegen zurückgehalten,
sondern gelangen in die Verzweigungen der Luftröhre. Wir finden
dann die Staubpartikel zum Teil frei in einer die Schleimhaut be-
deckenden Schleimschicht, zum Teil in den sogenannten Staubzellen
eingeschlossen, welche dem Epithel entstammen oder ausgewanderte
lymphoide Zellen sind. Durch die Reizung des Staubes kommt es zu
vermehrter Schleimbildung und zu Wucherungsvorgängen am Epithel
der Bronchien, ferner zu Schleimhautschwellung und -rötung, Ab-
stossung von Epithel und Bildung von Flächengeschwüren, also zu allen
Erscheinungen des Katarrhs, welcher zu konsekutivem Emphysem und
Bronchiektasien führen kann [3]).

Der Staub erfüllt bei weiterem Eindringen auch die Alveolen [4]),
wo sich ebenfalls lymphoide Zellen einfinden bei gleichzeitiger Prolife-
ration des Alveolarepithels.

Die mit den Staubpartikeln beladenen lymphoiden Zellen werden
durch das Flimmerepithel nach aussen befördert oder in die Lymph-
räume weiter transportiert.

Zunächst vermag die Flimmerbewegung die Eindringlinge fort-
zuschaffen, schliesslich aber versagt dieselbe. Es erfolgt dann oft eine
Ablagerung des Staubes in den benachbarten Lymphdrüsen. Bei massenhafter Staubaufnahme lagert sich derselbe in der Lunge ab. So finden
wir die Kohlenlunge, die Eisenlunge, die Steinhauerlunge usw. Ab-

---

1) Roth, Kompendium der Gewerbekrankheiten. Berlin 1904. Verlag von
Richard Schötz. S. 106.

2) Brauer, l. c. S. 42.

3) Albrecht, l. c. S. 46.

4) Sommerfeld, Handbuch der Gewerbekrankheiten. Berlin 1898. Verlag
von Oscar Coblentz.

lagerung von Tabakstaub in der Lunge und den Bronchialdrüsen wurde von Zenker in zwei Fällen beobachtet (Tabacosis), seither allerdings nicht wieder[1]).

Nach Versagen der Flimmerung können sich eingedrungene Krankheitserreger ungestört entfalten.

Dringt in die entstandenen epithelialen Defekte tuberkelbazillenhaltiger Staub ein, so ist für die Infektion die Bahn frei. Für die Verbreitung der Tuberkelbazillen aber sorgen in der Tabakindustrie zahlreiche tuberkulöse Arbeiter, welche für ihre Mitarbeiter als Ansteckungsquelle eine Gefahr bilden. Birch-Hirschfeld[2]) sagt, „dass überall, wo das tuberkulöse Kontagium verbreitet ist, die Staubeinatmung um so mehr zur Tuberkulose disponiere, je mehr dem Staube mechanisch reizende Eigenschaften zukommen und je mehr der Gewerbebetrieb in geschlossenen Räumen und bei dichterem Zusammenleben der Arbeiter stattfinde."

Wenn auch die mechanisch reizende Staubbeschaffenheit bei dem Tabakstaub weniger ins Gewicht fällt, so ist doch die zweite Vorbedingung in der Zigarrenindustrie für das Zustandekommen der Tuberkuloseinfektion reichlich erfüllt.

Ueber die Staubmenge in den Zigarrenfabriken finden wir nähere Angaben in der zitierten Arbeit von Heucke[3]). Derselbe bestimmte die Staubmenge

1. in einem Fabrikhochbau direkt in dem Raume, in dem 21 Arbeiter arbeiteten, der aber nach den gesetzlichen Bestimmungen für 42 Arbeiter ausgereicht hätte;
2. in einem Shedbau neben dem Arbeitsraum in einem durch einen Abschlag getrennten, zum Pressen der Formen benutzten Raum;
3. in einem Hochbau mit ständiger, durch einen Ventilator betriebenen Lufterneuerung, wo Tabak sortiert wurde.

In 3 m Höhe fanden sich pro Tag auf 1 qm Fläche, gesammelt auf einem ausgelegten Papierbogen,

bei 1: 0,5630 g
bei 2: 0,2317 g
bei 3: 0,8181 g Staub.

---

1) Reichs-Arbeitsblatt. 6. Jahrg. 1898. Nr. 5. S. 465.
2) Reichs-Arbeitsblatt. 6. Jahrg. 1908. Nr. 5. S. 466.
3) l. c.

Der letztere Befund spricht gegen den Wert der angewandten Ventilation, auch wenn man in Betracht zieht, dass beim Tabaksortieren reichlicher Staub gebildet wird.

Die grosse Staubmenge in den Tabakbetrieben macht es erklärlich, dass Katarrh der Nase, des Rachens, des Kehlkopfes, der Bronchien und der Augenbindehaut sowie Bronchiektasien und Emphysem ganz besonders beachtet werden müssen.

Von viel geringerer Bedeutung ist der Staub in der Zigarettenindustrie. Die Staubentwicklung ist hier viel geringer[1]). Ausserdem kommen in der Zigarettenindustrie Maschinen in ausgedehntem Masse zur Verwendung und dann wird der Tabak feucht verarbeitet.

Praktisch weniger wichtig ist die Staubgefahr in den Schnupftabakfabriken, da in diesen nur eine ganz geringe Arbeiterzahl beschäftigt wird. Indessen ist hier die Staubentwicklung noch stärker als in den Zigarrenfabriken. Wenn das Zerkleinern und Sieben in offenen oder schlecht verschlossenen Apparaten vorgenommen wird, leiden besonders neu eintretende Arbeiter stark durch den feinen und scharfen Staub, welcher die Atmungsorgane auf das heftigste reizt[2]) und zu starkem Niesen und Husten veranlasst. Mehr oder weniger starke Bronchialkatarrhe sowie Augenentzündungen sind die Folge. Eulenberg empfiehlt daher Abschluss der Sieb-, Mahl- und Stossapparate durch staubdichte Kästen und Vornahme des Trocknens, Schneidens und Siebens in abgesonderten Räumen. Mit der Zeit tritt Gewöhnung ein, so dass Arbeiter mit guter Konstitution die Arbeit weiter fortsetzen können.

Die erheblichen Schädigungen der Tabakarbeit, besonders der Zigarrenindustrie treten in den verschiedensten Krankheiten zutage, wie wir noch näher auszuführen haben werden.

Mittel zur Verringerung der gewerblichen Schädlichkeiten und deren Bedeutung. Hygienische Einrichtungen in den Fabriken. Arbeiterschutzbestimmungen. Gesetzliche Regelung der Verhältnisse in der Hausarbeit. Beschränkung der Kinderarbeit.

Entsprechend den widerstreitenden Ansichten bezüglich der gesundheitlichen Einflüsse im Tabakgewerbe hat es lange Zeit gedauert, bis man sich veranlasst sah, den hygienischen Verhältnissen in der Industrie gebührende Achtung zu schenken.

---

1) Bormann, l. c. S. 105.
2) Eulenberg, l. c.

So erschien erst im Jahre 1888 am 8. Juli eine Verordnung betreffend die Zigarrenfabrikation, welche eine Minimalhöhe der Fabrikräume und ein Mindestluftmass vorschrieb. Weitere gesetzgeberische Massnahmen folgten.

Allmählich begannen auch die Betriebsinhaber selbst nach Möglichkeit für Verbesserung der gesundheitlichen Verhältnisse in den Fabriken zu sorgen. Naturgemäss vermochten die kapitalkräftigen Grossbetriebe ihren Arbeitern eine besser eingerichtete und gesundere Betriebsstätte zu bieten als die mittleren und Kleinbetriebe.

Eine Verringerung der Einwirkung der Tabakgifte und des Staubes sowie der durch die Atmung vieler dicht zusammensitzender Menschen verdorbenen und unter Umständen bakteriell verunreinigten Luft kann erzielt werden durch Gewährung eines ausreichenden Luftraumes für jede Person und durch ausreichende Lüftung und Reinhaltung der Arbeitsräume.

Für die zahlreichen kleinen und mittleren Fabrikanlagen der Rauch-, Schnupf-, Kautabak- und Zigarrenbranche ist die zweckmässigste Art der Lüftung die einfache Lüftung durch Fenster, welche mit zu öffnendem Oberlicht versehen sind.

In den Grossbetrieben der österreichischen Tabakregie finden sich zum Teil kompliziertere Ventilationsanlagen, deren eine sich in der Zeitschrift für Gewerbehygiene beschrieben findet[1]). Sie besteht in einer Staubabsaugung durch elektrisch betriebene Ventilatoren verbunden mit einem System der Zuführung frischer, in Winter vorgewärmter Luft. Ueber die Brauchbarkeit der Anlage fehlt mir eigene Erfahrung.

Eine zweckmässige Ventilationseinrichtung für grössere Betriebe scheint die von Ingenieur Georg Schreider in Feuerbach angegebene zu sein[2]). Die frische Luft, welche durch die Fenster eindringt, wird dem im Keller befindlichen Feuerraum zugeführt, dort erwärmt und an der Rauchabzugsröhre nach oben in den Arbeitsraum geführt, wo sie in Manneshöhe austritt. Ausserdem dringt durch an der Decke befindliche perforierte Kanäle frische Luft in den Arbeitsraum, welche nach unten sinkt und die verbrauchte Luft mit dem Tabakstaub den Oeffnungen der Luftschächte zuführt, durch welche dieselbe nach aussen abgeführt, wird. Der Bericht des Fabrikinspektors für den III. Bezirk Württembergs rühmt der Anlage, welche Aufwirbelung des Staubes vermeiden

---

1) 16. Jahrg. 1908. S. 9.
2) Jahresberichte der Gewerbeaufsichtsbeamten. 1903. Bd. 2. H. 4. S. 126.

will, nach, dass der Staub verhindert werde, in die Atmungssphäre der Arbeiter zu gelangen. Indessen scheint diese Anlage in Zigarrenfabriken keine grosse Verbreitung gefunden zu haben, da die Gewerbeinspektionsberichte der folgenden Jahre dieselben nicht weiter erwähnen. Im Sommer müsste sie so wie so durch einfache Fensterventilation ersetzt werden.

Die schon früher von Wörishoffer[1]) angegebene einfache Ventilationseinrichtung hat ebenfalls keine erhebliche Verbreitung gefunden. Bei derselben erfolgt die Zuführung frischer Luft durch unter dem Fussboden verlaufende, mit der Aussenluft in Verbindung stehende Kanäle, welche am ummantelten Ofen mündeten. Die Luft erwärmte sich dort zwischen Ofen und Mantel, stieg in die Höhe und verteilte sich dann im Raume, während die verbrauchte Luft durch in der Nähe des Fussbodens angebrachte Oeffnungen dem am Schornstein verlaufenden Luftschacht zugeführt wurde. Auch diese Einrichtungen funktionieren nur bei Heizung. Die Arbeiter klagten infolge der unter dem Fussboden befindlichen Luftkanäle über kalte Füsse und suchten die Kanäle zu verstopfen[2]).

Da die Zigarrenarbeiter bei ihrer Arbeit andauernd sitzen und wenig Bewegung haben, somit wenig Wärme produzieren und ihre Blutzirkulation verlangsamt ist, so ist die Klage über kalte Füsse nicht auffallend.

Die einfache Ventilation durch die Fenster ist bis jetzt die am meisten verbreitete und zweckmässigste.

In den Rauchtabakfabriken wurden stellenweise die Arbeiter noch vor kurzer Zeit durch die alten offenen Flachröste sehr belästigt[3]). Jedoch scheinen dieselben in letzter Zeit mehr durch die geschlossenen Rösttrommeln ersetzt zu sein, welche keinerlei Schädigungen bedingen.

Nach der Grösse der Gesamtarbeiterzahl sind die Verhältnisse der Zigarrenfabriken die wichtigsten. Da der bisherige Zustand derselben zu begründeten Ausstellungen Veranlassung gab, so hat neuerdings der Bundesrat statt der bis dahin gültigen Bestimmungen vom 8. Juli 1893 neue Vorschriften erlassen, welche die Verhältnisse etwas bessern

---

1) l. c. S. 11.

2) Brauer, l. c. S. 41.

3) Jahresberichte der Gewerbeaufsichtsbeamten 1900. Bd. 2. H. 2. S. 99 (Oberfranken); 1903. Bd. 2. H. 2. S. 121 (Oberfranken); 1903. Bd. 3. H. 24. S. 26 (Bremen).

werden, wenn sie den beteiligten Kreisen, Fabrikanten und Arbeitern, erst in Fleisch und Blut übergegangen sein werden.

Die gesetzlichen Anforderungen, welche durch die Bekanntmachung vom 17. Februar 1907 (R.G.Bl. S. 65) betreffend die Einrichtung und den Betrieb der zur Anfertigung von Zigarren bestimmten Anlagen[1]) an die Arbeitsräume der Fabriken gestellt werden, sind als recht milde zu bezeichnen.

Statt der bisherigen zulässigen 7 cbm Luftraum sollen nunmehr 10 cbm auf jede Person kommen (Ausnahme s. § 8).

Die Arbeitsräume sollen mindestens 3 m hoch sein (Ausnahme s. § 8), einen festen, dichten Fussboden haben und mit unmittelbar ins Freie führenden Fenstern versehen sein, welche nach Zahl und Grösse genügen, um für alle Arbeitsstellen Luft und Licht in ausreichendem Masse zu gewähren. Die Fenster müssen wenigstens für die Hälfte ihres Flächenraums geöffnet werden können.

Zweckmässiger wäre es wohl gewesen, wenn man für Neuanlagen etwa dieselbe Belichtung wie für Schulzimmer gefordert hätte. Damit wäre wenigstens eine feste Norm gegeben gewesen.

Tabak und Halbfabrikate resp. fertige Zigarren dürfen nur in beschränkter Menge in den Arbeitsräumen lagern. Daselbst darf Tabak nur in feuchtem Zustande gemischt und nicht getrocknet werden (Ausnahme § 8).

Durch diese Bestimmung soll der Tabakdunst möglichst reduziert werden.

Die Arbeitsräume sollen mindestens zweimal täglich eine halbe Stunde lang und zwar auf jeden Fall während der Mittagspause und nach der Arbeit durch Oeffnen der Fenster gelüftet werden. Während dieser Zeit ist den Arbeitern der Aufenthalt in den Fabrikräumen nicht gestattet.

Abgesehen von einer zweimaligen gründlichen Reinigung in jedem Jahre sind Fussböden und Arbeitstische täglich einmal durch feuchtes Abwischen oder Abwaschen vom Staub zu befreien, eine höchst beachtenswerte und notwendige Bestimmung, wenn man die Staubmenge bedenkt, welche sich in diesen Räumen täglich ablagert.

Um ein Eindringen des Tabakstaubes in die Kleidung zu verhindern ist vorgeschrieben, dass die Kleidungsstücke, welche während

---

1) Die Angaben über die gesetzlichen Bestimmungen sind dem Tabak- und Zigarrenkalender für das Jahr 1910 (Hamm-Leipzig, Verlag von Th. Otto Weber) entnommen.

der Arbeitszeit abgelegt werden, unter dichtem Verschluss oder in besonderen Räumen aufbewahrt werden. Besser wäre wohl gewesen, unter allen Umständen besondere Arbeitskleidung vorzuschreiben.

Der § 9 gibt den zuständigen Polizeibehörden die Befugnis, für einzelne Anlagen oder durch allgemeine Anordnung für die Anlagen ihres Bezirkes im Verordnungswege besondere Vorschriften zu erlassen betr. Lüftung, Reinigung, Einrichtung der Arbeitstische und Staubbeseitigung bei Maschinenarbeit.

Fernere Bestimmungen betreffen Abortanlagen und Waschvorrichtungen.

Glücklicherweise ist endlich auch im Interesse der gesunden Arbeiter das Ausspucken auf den Boden verboten; es sind täglich zu reinigende, mit Wasser gefüllte Spucknäpfe vorgeschrieben, und den Arbeitgebern ist das Recht eingeräumt, bei wiederholter Uebertretung des·Spuckverbotes die betreffenden Arbeiter ohne Kündigung sofort zu entlassen.

Dass diese Bestimmung getroffen wurde, war bitter notwendig. Denn bei dem nahen Zusammensitzen ist durch die Verstäubung eingetrockneten Tuberkulosesputums eine hohe Gefahr für die Arbeiter gegeben.

Auch das widerwärtige Lecken an dem Deckblatt und das Abbeissen der Spitze, welches für den Arbeiter die Gefahr der Nikotinvergiftung steigerte, ist nun ausdrücklich verboten. Bis in die letzte Zeit war diese ekelhafte Gewohnheit in manchen Gegenden verbreitet, da den aus den Arbeiterkreisen hervorgegangenen Werkmeistern vielfach Autorität und besseres Verständnis fehlte[1 u. 2]).

---

1) Jahresberichte der Gewerbeaufsichtsbeamten 1907. Bd. 2. H. 5. S. 106 ff.

2) Da die Ausschusszigarren den Arbeitern meist als Gratiszugabe überwiesen werden, könnte man denken, dass durch Zigarren, welche von tuberkulösen Arbeitern gemacht und mit der Zunge beleckt worden sind, Tuberkulose übertragen werden kann auf den diese Zigarren rauchenden Arbeiter. Auch das Publikum würde durch solche Zigarren bedroht sein. Auf Veranlassung von Herrn Geheimrat Rapmund in Minden hat etwa im Jahre 1897 Herr Oberstabsarzt Dr. Wieber (damals in Minden) über diese Möglichkeit der Uebertragung Versuche angestellt. Nach der mir in liebenswürdiger Weise von Herrn Dr. Wieber gemachten Mitteilung war die Versuchsanordnung folgende:

Es wurde Sputum, welches sehr viele Tuberkelbazillen enthielt, zwischen Deckblatt und Einlage gewickelt. Die so selbst gefertigten Zigarren wurden in den Keller gelegt und der Rest des Sputums danebengestellt. Ungefähr nach 3, 5 und 14 Tagen wurden je zwei Meerschweinchen geimpft; das eine mit dem Sputumrest in sterilem Wasser, das andere mit den von der Zigarre mittels sterilen warmen

Ueberhaupt waren die Zustände in vielen Zigarrenfabriken sowohl des Nordens wie des Südens nichts weniger als hygienisch einwandfrei (Jahresberichte der Gewerbeaufsichtsbeamten 1908, Bd. 3, H. 26, S. 21 und Bd. 2, H. 2, S. 182 usw.) teils infolge mangelnder Einsicht der Betriebsinhaber selbst, teils infolge solcher der Meister und Arbeiter.

Auch jetzt wird noch manches Jahr vergehen, bis die neuen Vorschriften mit der Gewissenhaftigkeit durchgeführt und von den Arbeitern innegehalten werden, wie es deren Gesundheit verlangt. In dieser Hinsicht dürften aufklärende Vorträge in Vereinen und Fabriken sowie besonders auch die Tätigkeit der Tuberkulosefürsorgestellen und die Wanderausstellungen der Tuberkulosemuseen segensreich wirken können.

Es ist anzuerkennen, dass seitens der Gewerbeaufsichtsbeamten mit Energie darauf hingearbeitet wird, die noch vorhandenen Missstände abzustellen. Die Mühe kann aber nur allmählich Erfolge zeitigen und muss vor allem durch tatkräftige Mitwirkung der Polizeibehörden unterstützt werden.

Einstweilen liegt noch Vieles im argen. Vielfach wird über ungenügende oder gar nicht vorhandene Wascheinrichtungen geklagt, es fehlen die Spucknäpfe, und wo sie da sind, werden sie zu allem möglichen, z. B. zum Anfeuchten des Tabaks oder als Dekorationsstücke[1]), nur nicht bestimmungsgemäss gebraucht.

Sogar von Widerwillen der Unternehmer gegen die Aufstellung von Spucknäpfen und Waschgefässen wird berichtet[2]).

Wassers abgeschwemmten Sputumflöckchen. Die Impfung geschah mit allen Vorsichtsmassregeln. Die Flöckchen enthielten, wie Präparate zeigten, Tuberkelbazillen. Die Kontrolltiere erkrankten alle an Tuberkulose, nach der Erinnerung Dr. Wiebers auch das erste mit Tabaksputum geimpfte Tier. Die beiden anderen Tiere blieben am Leben. Sie wurden ebenso wie die anderen Tiere getötet, ohne dass bei ihnen Tuberkulose gefunden wurde.

Da Zigarren erst immer eine längere Zeit nach Fertigstellung zum Rauchen benutzt werden, so wäre eine Tuberkuloseübertragung dann nicht mehr zu befürchten.

1) Jahresberichte der Gewerbeaufsichtsbeamten 1907. Bd. 3. H. 22. S. 8; 1908. Bd. 2. H. 3. S. 67; 1908. Bd. 2. H. 2. S. 182; 1908. Bd. 2. H. 2. S. 82; 1908. Bd. 3. H. 7. S. 26; 1909. Bd. 2. H. 2. S. 102; 1909. Bd. 2. H. 2. S. 83; 1909. Bd. 2. H. 2. S. 198; 1909. Bd. 3. S. 229; 1909. Bd. 3. H. 26. S. 29; 1909. Bd. 3. H. 7. S. 8.

2) Jahresberichte der Gewerbeaufsichtsbeamten 1907. Bd. 1. H. 1. S. 477.

Naturgemäss stossen alle diese Einrichtungen besonders da auf den heftigsten Widerstand, wo sie am nötigsten sind, und wo sich bisher Nachlässigkeit und Unsauberkeit ungehindert breit machen konnten.

Leider wird gerade aus solchen Gegenden, die mit Zigarrenfabriken vollgepfropft und zugleich Hauptherde der Tuberkulose sind, über solchen Widerstand berichtet[1]), z. B. aus dem Mindener Bezirk. Der dortige Gewerbeaufsichtsbeamte schreibt 1907[2]) wörtlich: „Die Durchführung der Bekanntmachung betr. die Einrichtung und den Betrieb der zur Anfertigung von Zigarren bestimmten Anlagen vom 17. Februar 1907 macht hinsichtlich der Beschaffung von Spucknäpfen und von ausreichenden Waschvorrichtungen nebst Handtüchern und Seife sowie hinsichtlich der ordnungsgemässen Instandhaltung dieser Gegenstände besondere Schwierigkeiten in den auf dem Lande bestehenden Filialfabriken und in den kleinen Anlagen, da viele der diesen Betrieben vorstehenden Meister und nicht selten auch die Betriebsinhaber selbst nur ein geringes Verständnis für die Notwendigkeit derartiger Einrichtungen haben".

Im Jahre 1909 waren die Zustände in demselben Bezirke noch durchaus nicht besser geworden. Von 216 revidierten Betrieben hatten 88 gar keine oder eine ungenügende Wascheinrichtung, und bei 64 waren die Vorschriften bez. der Spucknäpfe nicht befolgt. Es mussten 51 polizeiliche Verfügungen nach § 120d der Gewerbeordnung erlassen und gegen 24 Betriebsinhaber und Werkmeister das Strafverfahren beantragt worden[3]).

Wenn dieses am grünen Holze der Fabriken vorkommt, wie wird es da mit Reinlichkeit und Ordnung in der Hausindustrie bestellt sein.

In den Staatsbetrieben Oesterreichs ist für Sauberkeit und Körperpflege besser gesorgt[4]). Im Jahre 1899 hatten die Fabriken Heinberg, Rovigno, Sedlek Badeeinrichtungen, deren Benutzung unentgeltlich war. Auch für andere Fabriken plante die Regierung Badeeinrichtungen.

Ein noch erfreulicheres Bild bieten in dieser Hinsicht einige Grossbetriebe der deutschen Zigarettenindustrie, deren Einrichtungen auf dem Gebiete der Arbeiterwohlfahrt und Arbeiterhygiene geradezu

---

1) Jahresberichte der Gewerbeaufsichtsbeamten 1907. Bd. 1. H. 1. S. 326.
2) Jahresberichte der Gewerbeaufsichtsbeamten 1907. Bd. 1. H. 1. S. 326.
3) Jahresberichte der Gewerbeaufsichtsbeamten 1909. Bd. 1. H. 1. S. 324.
4) Rosenfeld, l. c. S. 118.

als mustergültig zu gelten haben. Den kleinen und mittleren Betrieben kann allerdings diese Zensur nicht erteilt werden[1]).

Abgesehen von den grossen luftigen mit tadelloser Ventilation versehenen Fabrikräumen finden sich z. B. in der Yenidzefabrik in Dresden elektrische Fahrstühle, welche die Arbeiter nach oben und unten befördern, Marmorwaschbecken vor den Klosetts mit Kalt- und Warmwasserleitung, Badeeinrichtung und eine luftige Halle zum Ausruhen. Das flache Dach ist durch Aufstellung von Gewächsen in einen Garten verwandelt und dient bei gutem Wetter den Arbeitern zum Aufenthalt in den Pausen. Ausserdem ist noch ein Zimmer mit Verbandstoffen und den notwendigsten Sachen für erste Hülfeleistung bei Unfällen vorhanden. Aehnliche Einrichtungen, wenn auch einfacherer Art haben auch viele andere grosse Fabriken.

Die grosse Sauberkeit in den Zigarettenfabriken bildet einen anerkennenswerten Gegensatz zu den Zuständen in den ländlichen Zigarrenfabriken.

Diese Sauberkeit wird befördert durch strenge Arbeitsordnungen. Stellenweise ist das Händewaschen nach dem Verlassen des Pissoirs und Klosetts sowie nach dem Essen vorgeschrieben. Damit kein unnötiger Staub von der Strasse in die Fabrik getragen wird, verbieten manche Arbeitsordnungen sogar den Arbeitern, die Fabrikräume in Strassenschuhen zu betreten, ein himmelweiter Unterschied im Vergleich zu den Verhältnissen in vielen ländlichen Zigarrenfabriken, in welchen die Arbeiter bei gutem und schlechtem Wetter mit Holzschuhen erscheinen, an denen oft eine reichliche Portion Lehm oder Strassenschmutz anhaftet.

Bevor wir dies Kapitel verlassen, müssen wir noch zweier Einrichtungen gedenken, von denen die eine speziell für Zigarrenfabriken bestimmt ist, nämlich des Bräunlingschen Arbeitstisches und des Körtingschen Luftbefeuchters.

Der letztere kam zuerst in der Leonhardischen Fabrik in Minden zur Anwendung. Er besteht aus einer an der Decke angebrachten Vorrichtung, welche mit der Wasserleitung in Verbindung steht und aus feinsten Oeffnungen staubartig verteiltes Wasser austreten lässt. Hergestellt wird der Apparat von der bekannten Firma Gebr. Körting in Körtingsdorf bei Hannover.

---

1) **Bormann,** l. c. S. 94; **Graack,** l. c. S. 38.

Es wird durch diese Einrichtung, welche sich gut bewährt hat[1]), die in den oft stark geheizten Arbeitsräumen vorhandene grosse Lufttrockenheit wirksam beseitigt und die Brüchigkeit und leichte Verstäubung des Tabaks herabgesetzt und so nicht nur an Materialverbrauch gespart, sondern auch anscheinend der Gesundheitszustand der Arbeiter günstig beeinflusst.

Indessen hat diese Vorrichtung in den zahlreichen mittleren und kleinen Fabriken auf dem Lande keinen Eingang gefunden.

Die andere Neuerung ist allein für Zigarrenfabriken bestimmt und betrifft die Einrichtung des Arbeitstisches.

Von dem Werkmeister Bräunling[2]) ist ein neuer zweckmässiger Arbeitstisch angegeben, welcher auf der einen Seite dem Roller, auf der gegenüberliegenden Seite dem Wickelmacher seinen Platz gewährt. In der Mitte befindet sich ein kastenartiger, nach oben mit einem Deckel verschlossener Aufbau zur Aufnahme des Tabaks, der Tabakbehälter ist unten durch ein Sieb begrenzt, welches den Tabakstaub in einen geschlossenen Kasten fallen lässt. Durch einen Schlitz kann der Wickelmacher sich den gerade benötigten Tabak entnehmen. Eine Schublade dient zur Aufnahme des Abfalls. Statt der in Süddeutschland gebräuchlichen niedrigen Hocker oder der norddeutschen Schemel besteht die Sitzeinrichtung in einem schmalem, der Höhe nach verstellbaren schrägen Brett. Der Arbeiter nimmt vor dem Tisch eine halb sitzende, halb stehende Stellung ein, der Oberkörper ist leicht nach hinten geneigt und die Füsse werden gegen eine geneigte Leiste gestemmt. Die Vorzüge des Stuhles sind folgende:

1. Beim Zusammenfassen der Einlage fällt das Aufwühlen des Tabaks und die damit verbundene Staubentwicklung fort;

2. der Arbeiter ist genötigt eine bessere Haltung einzunehmen, die eine bessere Atmung gestattet und ihn zwingt mit Mund und Nase den arbeitenden Händen fernzubleiben. Somit ist die Staubeinatmung verringert;

3. der Aufbau gewährt dem gegenübersitzenden Arbeiter Schutz gegen eine von dem eventuell tuberkulösen Gegenüber ausgehende Tröpfeninfektion.

---

1) Jahresberichte der Gewerbeaufsichtsbeamten 1905. Bd. 3. H. 24. S. 25; 1905. Bd. 1. H. 1. S. 335; 1905. Bd. 1. H. 1. S. 302.

2) Der Arbeitstisch ist genau beschrieben von Oberregierungsrat Dr. Bittmann in der Concordia, Zeitschrift der Zentralstelle für Arbeiterwohlfahrts-Einrichtungen. Nr. 20. Berlin 1903. Carl Heymanns Verlag.

Grössere Verbreitung hat dieser Stuhl bisher aber trotz seiner mannigfachen Vorzüge nicht gefunden. Von einer Firma wurde darüber geklagt, dass die an das Sitzen gewöhnten Arbeiter durch die halbstehende Stellung bald ermüdeten[1]).

Der Vollständigkeit halber sei noch erwähnt, dass man in einigen Fabriken an der Stelle, wo die Einlage gerollt wird, kleine, durchlöcherte Bleche angebracht hat, durch welche der grösste Teil des Staubes beim Wickeln in einen Kasten fallen soll[2]). In welchem Grade die Staubverbreitung hierdurch gehindert wird, entzieht sich unserer Kenntnis.

Für die Besserung der Verhältnisse der Zigarrenarbeiter sind neuerdings von grösseren Firmen mehrfach anerkennenswerte Wohlfahrtseinrichtungen geschaffen worden. Wenngleich derartige nützliche Einrichtungen auch bisher nur einem kleineren Teile der Arbeiter zugute kommen, so mögen sie doch hier Erwähung finden.

Einige Firmen richteten Fabrikküchen ein, wo die Arbeiter für wenige Groschen ein schmackbaftes Mittagessen bekommen können, andere richteten für die verheirateten Arbeiterinnen Fabrikkrippen ein, um den Müttern das Stillen zu ermöglichen und den Kindern eine sachgemässe Aufsicht zuteil werden zu lassen. Ferner erwähnten die Fabrikinspektionsberichte eine Firma, welche für die Arbeiter eine Turnanstalt einrichtete, und vielfach wird die Einrichtung von Fabriksparkassen erwähnt.

Die dadurch herbeigeführte Erziehung zu geordneter, solider Lebensführung muss auch durch die damit verbundene Hebung des Familienlebens und Bekämpfung des Kneipenbesuchs günstige Erfolge zeitigen.

Nachahmenswert ist auch das Vorgehen einer grossen Bremer Firma, welche in Duderstadt jährlich 60 Arbeiterinnen an dem Kursus einer Haushaltungsschule teilnehmen lässt[3]). Aehnliche Kurse führte der Badische Frauenverein ein; die Verbreitung der höchst zweckmässigen Kochkiste in Arbeiterkreisen ist seinen Bemühungen zu danken[4]).

Die schlechten hygienischen Verhältnisse in der Hausindustrie sind bei Erörterung der Wohnungsverhältnisse der Arbeiter genügend gekennzeichnet. Einsichtigen Fabrikanten waren diese schon lange zu-

---

1) Jahresberichte der Gewerbeaufsichtsbeamten. 1903. Bd. I. H. 1. S. 281.
2) 8. Jahresbericht über die Leistungen und Fortschritte auf dem Gebiete der Hygiene. 1890. S. 335.
3) Jahresberichte der Gewerbeaufsichtsbeamten. 1906. Bd. I. H. 1. S. 307.
4) Concordia. 1903. S. 267.

wider allein schon wegen der unkontrollirbaren Unsauberkeit bei der Arbeit. Aber bei der Konkurrenz der Fabrikanten waren letztere genötigt, dem Verlangen nach Hausarbeit zu willfahren. Der Einzelne konnte an den üblen Verhältnissen nichts ändern, da er froh sein musste seine Arbeiter behalten zu können.

Regierungsseitig aber hatte man bisher eine starke und erklärliche Scheu mit Paragraphen und polizeilichen Revisionen in die Intimität des Familienlebens einzudringen. Indessen, wollte man die Hausarbeit nicht ganz aufheben, so mussten theoretische Bedenken von der Unantastbarkeit des Hauses schweigen gegenüber den schreienden Uebelständen, welche in der Zigarrenhausindustrie eingerissen waren. Bevor durch das Kinderschutzgesetz vom 30. 3. 1903 die Tür zum Innern des Hauses geöffnet war, hatte die Angelegenheit bereits einen stärkeren Anstoss durch die von der Mindener Handelskammer am 16. 1. 1899 an das Reichsamt des Innern gerichtete Eingabe bekommen, welche eine Reihe bestimmter Forderungen aufstellte[1]).

Ein Teil dieser Forderungen ist in das am 1. 1. 1908 in Kraft getretene Gesetz aufgenommen, welches die Zigarrenhausarbeit regelt; die Forderung eines besonderen Arbeitsraumes sowie des Ausschlusses von Personen mit ansteckenden Krankheiten ist indessen nicht erfüllt worden.

Das „Gesetz betreffend die Herstellung von Zigarren in der Hausarbeit" ähnelt in seinen Vorschriften denen für die Zigarrenfabriken vom 17. 2. 1907 und enthält folgende wichtige Bestimmungen.

Die Arbeitsräume müssen mindestens $2^1/_2$ m hoch sein und eine genügende Anzahl Fenster haben, welche mindestens zur Hälfte geöffnet werden können und ins Freie führen.

Der Fussboden muss dicht und fest sein.

Auf jede mit Tabakarbeit beschäftigte Person müssen mindestens 10 cbm Luftraum entfallen.

Diese Bestimmung scheint nicht zu genügen, da nichts darüber gesagt ist, wie es sein soll, wenn nicht mitarbeitende Kinder oder andere Hausgenossen den Raum mitbewohnen.

Räume, die ausschliesslich als Arbeitsräume benutzt werden, brauchen nur 7 cbm Luftraum pro arbeitende Person zu haben (§ 3, 5).

Das Schlafzimmer soll als Arbeits- und Lagerraum nicht benutzt werden (§ 4).

---

1) Vgl. das zitierte Protokoll der Sitzung des Deutschen Tabakvereins.

Das Mischen des Tabaks darf nur in angefeuchtetem Zustande geschehen und das Trocknen nur dann vorgenommen werden, wenn durch geeignete Einrichtungen ausreichender Schutz gegen hiervon drohende Gesundheitsschädigungen gewährt ist.

Die Quantität des lagernden Tabaks resp. von Ganz- oder Halbfabrikaten ist auf eine Tagesportion beschränkt. Ein Wochenquantum soll nur geduldet werden, wenn die Aufbewahrung in dichten Behältern geschieht.

Die §§ 9—12 gestatten den höheren und niederen Verwaltungsbehörden Ausnahmen, wodurch der Wert ohnehin schon recht milden Bestimmungen stark beeinträchtigt wird.

Weiter wird dann noch die Anzeigepflicht für die Hausbetriebe estgesetzt und ein von der Ortspolizeibehörde auszustellender Ausweis, betr. Grösse der Räume, Zahl der in ihnen zu beschäftigenden Personen, sowie der gestatteten Ausnahmebestimmungen (§ 14).

Sehr wesentlich ist die Bestimmung, dass die Fabrikanten ein Verzeichnis der Hausarbeiter führen müssen, welches jederzeit auf Verlangen der Polizeibehörde und Gewerbeinspektion vorgelegt werden muss. Arbeit darf erst dann an Hausarbeiter verabfolgt werden, wenn der in § 14 bezeichnete Ausweis vorliegt (§ 15).

Nächtliche Revisionen dürfen nur stattfinden, wenn Tatsachen vorliegen, welche den Verdacht der Nachtbeschäftigung von Kindern oder jungen Leuten begründen.

Durch Polizeiverordnungen kann angeordnet werden, dass Zigarren nicht mit dem Munde bearbeitet und Zigarrenmesser nicht mit Speichel befeuchtet werden dürfen. §§ 18 und 19 enthalten Strafbestimmungen,

Leider ist nicht anzunehmen, dass diese Bestimmungen die gesundheitlichen Schädigungen der Hausarbeit in erheblichem Masse bessern werden.

Wir haben gesehen, welchen Widerstand die neuen Vorschriften über die Fabrikarbeit gefunden haben, und wie es eiserner Strenge und Energie der Behörden bedarf, die Bestimmungen zu allgemeiner Durchführung zu bringen. Es wird aber in der Hausindustrie wohl kaum erreicht werden, dass die gesetzlichen Forderungen restlos erfüllt werden.

Denn viel grössere Schwierigkeiten als bei der Kontrolle der Fabriken erwachsen der Durchführung des Hausarbeitsgesetzes. Man denke nur an die ungeheure Last von Arbeit für die Polizeiorgane und die Gewerbeinspektion, alle diese tausende kleiner Werkstätten auf ihre einwandfreie Einrichtung zu kontrollieren.

Es wäre besser gewesen, die Hausarbeit ganz aufzuheben resp. nur für gewisse Ausnahmefälle (weite Entfernung von der Fabrik, Unfähigkeit, dieselbe aufzusuchen infolge Verkrüppelung usw.) zu gestatten. Damit wäre auch die so verderbliche Kinderarbeit beseitigt. Auch unter den jetzigen Verhältnissen ist es gestattet, dass jugendliche Arbeiter und Mädchen über 16 Jahre sowie Frauen ungehindert bis in die Nacht hinein arbeiten. Beschränkung der Arbeitszeit und der Sonntagsarbeit gibt es für diese nicht. Die Unsauberkeit in der Heimarbeit wird auch durch dies Gesetz nicht beseitigt werden. Und wie denkt man sich die „geeigneten Einrichtungen" beim Trocknen des Tabaks im Wohnraum?

Herr Geheimrat Räthter in Minden hat für die Hausarbeit einen geeigneten Trockenapparat[1]) aus Eisenblech angegeben, welcher an seiner unteren Seite offen und oben mit einem in den Rauchabzug mündenden Rohr versehen ist. Der mit Leinen bespannte Holzrahmen, welcher den zu trocknenden Tabak trägt, wird in den Apparat von der Seite her eingeschoben und bildet dann dessen untere Fläche. Der Apparat kann über dem Stubenofen angebracht werden und leitet die Tabakdünste in den Schornstein ab.

Die sehr praktische, für 9 M. von einer Oynhausener Firma hergestellte Vorrichtung hat aber anscheinend keine grosse Verbreitung gefunden. Der Grund ist jedenfalls der, dass weder die Arbeiter noch die Arbeitgeber Geld dafür ausgeben wollen. So wird wahrscheinlich das gesundheitsschädliche Trocknen im Wohnraum im Geheimen nach der alten primitiven Weise weiter vorgenommen werden.

Die Zigarettenindustrie ist von den Heimarbeitsbestimmungen ausgeschlossen. Die Verhältnisse sind hier zwar auch besserungsfähig, aber doch längst nicht in dem Maasse wie bei der Zigarrenindustrie. Ausserdem haben die Grossfirmen durch Einrichtung privater Aufsicht vorgebaut, und die Zahl der beschäftigten Personen ist nur gering.

Die Kinderarbeit, seit langer Zeit ein dunkles Kapitel in der Zigarrenindustrie, ist leider sicher ebenfalls noch stark verbreitet, wenn sie auch gesetzlich auf Kinder über 12 Jahre beschränkt ist und nur für die Heimarbeit in Frage kommt.

Manche Fabrikanten huldigten der Ansicht, dass es besser sei, die Kinder bei dem Tabak zu beschäftigen als sie den Schädlichkeiten

---

1) Jahresberichte der Gewerbeaufsichtsbeamten. 1900. Bd. 1. H. 2. S. 249.

des Strassenlebens auszusetzen. Für die grösseren Städte ist dieser Auffassung eine gewisse Berechtigung nicht abzusprechen, im allgemeinen aber heisst das doch den Teufel mit Beelzebub austreiben.

Abgesehen davon, dass Kinder nach 4—6 stündigem Unterricht nicht ihre häuslichen Schularbeiten machen können, wenn sie nachher in einer mit verdorbener Luft und Tabaksdunst erfüllten Atmosphäre mehrere Stunden Tabak abrippen müssen[1]) und demnach nur eine mangelhafte Schulbildung erwerben können, werden alle die Gewerbeschädlichkeiten, an welchen die erwachsenen Arbeiter leiden, in verstärktem Masse auf die Kinder einwirken.

Durch die Kaiserliche Verordnung vom 21. 2. 1907 betreffend die Ausdehnung der §§ 135 bis 139b der Gewerbeordnung auf Werkstätten der Tabakindustrie wurde bestimmt, dass die Vorschriften dieser Paragraphen nicht wie bisher nur für die Fabriken, sondern für alle Werkstätten, in denen zur Herstellung von Zigarren, Zigaretten, Rauch-, Kau- und Schnupftabaken erforderliche Verrichtungen vorgenommen werden oder fertige Tabakfabrikate sortiert werden. Ausgenommen sind nur solche Werkstätten, in denen ausschliesslich zur Familie des Arbeitgebers gehörige Personen beschäftigt werden. Dagegen kommen die Bestimmungen der §§ 135—139b der G.O. auch in der Hausarbeit bereits dann in Anwendung, sobald auch nur ein nicht zur Familie des Arbeitgebers gehöriges Mitglied beschäftigt wird.

Hierdurch sowie durch das Gesetz betr. die Herstellung von Zigarren in der Hausarbeit wurden die Bestimmungen des Kinderschutzgesetzes vom 30. 3. 1903 für die Tabak- resp. Zigarrenindustrie entsprechend eingeengt.

Der § 135 der G.O. bestimmt, dass Kinder unter 13 Jahren und schulpflichtige Kinder über 13 Jahre nicht in Fabriken beschäftigt werden dürfen. Kinder unter 14 Jahren dürfen nur sechs, junge Leute von 14—16 Jahren nur 10 Stunden beschäftigt werden.

Das Gesetz betr. die Herstellung von Zigarren in der Hausarbeit bestimmt in § 6, dass eigene Kinder in der Hausarbeit erst nach dem 12. Jahre und für Dritte überhaupt nicht beschäftigt werden sollen.

Die übrigen zur Familie gehörigen Kinder sollen nicht beschäftigt werden.

Der § 13 des Kinderschutzgesetzes fordert eine mindestens zweistündige Mittagspause. Vor dem Vormittagsunterricht muss eine ein-

---

1) Siehe Anlage 2.

stündige Pause eintreten und die Arbeit darf nicht bis über 8 Uhr abends dauern. Sonntagsarbeit ist verboten.

Zu erwähnen sind weiter noch die §§ 7 und 13 des erwähnten Heimarbeitsgesetzes.

Danach dürfen auch nicht mehr schulpflichtige Kinder über 13 Jahre sowie junge Leute von 14—16 Jahren, nachts und Sonntags nicht beschäftigt werden.

Ferner müssen Kinder oder junge Leute, welche in der Hausarbeit beschäftigt werden, von den in § 1 des Gesetzes genannten Personen der Ortspolizei vor Beginn der Arbeit angemeldet werden [1]).

Letztere Bestimmung ist sehr wichtig für die Kontrolle.

Ebenso häufig indessen wie das Gesetz über die Hausarbeit werden diese Bestimmungen trotz der gleichzeitig erlassenen Strafbestimmungen übertreten werden. In den dicht mit Zigarrenhausindustrie besetzten Gegenden werden die Polizeibehörden die Arbeit der Kontrolle, besonders bezüglich der Dauer der Kinderarbeit, nicht bewältigen können. Bei der zerstreuten Bauweise und den schlechten Wegen im Winter, ist die Aufsicht in den Dörfern Westfalens z. B. sehr erschwert. Der einsam und allein wohnende Hausarbeiter wird sich noch häufig genug über diese schön auf dem Papier stehenden Paragraphen hinwegsetzen und auf die Hilfe der Kinder unter 12 Jahren nicht immer verzichten.

So wird denn auch aus Baden und besonders aus dem Bezirk Minden über verbotene Kinderarbeit berichtet. In dem letztgenannten Distrikt kommt sie noch in grosser Ausdehnung vor [2]).

Diese Klagen werden sicher in den nächsten Jahren nicht verstummen, und die gesundheitlichen Schädigungen, welche diese Verhältnisse im Gefolge haben, werden vorläufig in kaum geminderter Weise in die Erscheinung treten.

Krankheitsstatistik.

Dass die Erkrankungshäufigkeit der Tabakarbeiter höher ist als die anderer gewerblicher Arbeiter geht aus Statistiken und Beob-

---

1) Die Angaben über die gesetzlichen Bestimmungen wurden entnommen: 1. dem Tabak- und Zigarrenkalender für 1910 (s. o.); 2. der Gewerbeordnung für das Deutsche Reich nebst Kinderschutzgesetz und Gewerbegerichtsgesetz. 6. Aufl. München 1907. C. H. Becksche Buchhandlung.

2) Jahresberichte der Gewerbeaufsichtsbeamten. 1908. Bd. 1. H. 1. S. 315 und 289; 1909. Bd. 1. H. 1. S. 316; 1909. Bd. 2. H. 5. S. 17.

·achtungen der Aerzte, welche in Tabakindustriegegenden praktizieren, hervor. Die Ursache dieser Erscheinung ist hauptsächlich in drei Punkten gegeben.

Zunächst kommt in Betracht, dass die Tabakindustrie, weil sie keine körperlichen Kraftleistungen erfordert, schwächliche und kränkliche Elemente in grösserer Zahl aufnimmt, wie schon ausgeführt wurde. Nur ländliche Gegenden mit fehlender anderer Arbeitsgelegenheit und starker vorherrschender Zigarrenindustrie machen hiervon eine Ausnahme. Derartige Reviere gibt es, vorzugsweise in Baden und in Westfalen. In den meisten Gegenden aber wird der geringe Verdienst kräftigere Elemente in andere Gewerbe hineindrängen.

Zweitens kommt in Betracht die Einwirkung der Tabakgifte und des Staubes.

Drittens ist die Häufigkeit der Kinder- und Frauenarbeit dazu angetan, mit den mehr oder weniger notwendigen Folgen (Unsauberkeit, schlechtes Kochen, Nachtarbeit usw.) die Morbiditätsziffer in die Höhe zu treiben.

Daneben sind aber noch andere Ursachen nicht ganz ohne Bedeutung, deren Zusammenhang mit der Tabakarbeit ein mehr oder weniger fester ist.

Wir rekapitulieren die Tatsache, dass die Tabakindustrie sich in grösserer Ausdehnung in ärmeren Distrikten niedergelassen hat. Armut ist häufig verbunden mit kulturellem Tiefstand und Unverständnis für die Forderungen der Gesundheitsgflege, Unterernährung usw. Die Löhne sind auch nicht derartig, dass sie eine reichliche Ernährung bei zahlreicher Familie gestatten. Hätte nicht die Krankenkassengesetzgebung für ausreichende ärztliche Behandlung der Arbeiter gesorgt, so würde es noch erheblich schlechter um die gesundheitlichen Verhältnisse der Tabakarbeiter bestellt sein. Sitzende Lebensweise in geschlossenen Räumen, schlechte Wohnungsverhältnisse, unsolider Lebenswandel, frühes Heiraten ohne genügende Existenzmittel tragen häufig noch weiter dazu bei die Gesundheit ungünstig zu beeinflussen.

Den Wert des Umstandes, dass unter den Tabakarbeitern von vornherein manche minderwertigen Elemente sind, in der Krankheitsstatistik genauer abzugrenzen, ist nicht möglich. Ebenso lassen sich die einzelnen Formen der Tabakindustrie bzw. ihrer Gesundheitsschädlichkeit nicht eingehender differenzieren.

Einen Versuch dieser Art hat Jehle[1]) gemacht. Das Gesamtmaterial umfasste 1000 Arbeiter, welche Jehle in fünf Kategorien teilte. Das Resultat ist folgendes:

Von 100 Arbeitern erkrankten im Durchschnitt von 3 Jahren pro Jahr an	Tabakerzeugung	Zigarrenfabrikation	Zigarettenfabrikation	Tabakpacketerzeugung	Gesamtarbeiter
Blutkrankheiten	9,43	8,82	7,30	9,87	7,81
Nervenkrankheiten	4,14	3,55	3,59	1,23	3,09
Erkrankungen des Auges	1,89	1,18	1,94	2,47	1,67
„ der Atmungsorgane . .	9,83	5,33	5,77	4,93	5,70
„ „ Verdauungsorgane .	23,92	22,07	21,27	39,50	20,71
Hautkrankheiten	5,44	6,76	7,05	9,87	6,27

Blutkrankheiten fanden sich demnach besonders bei den Arbeitern der Rauchtabak- und Paketerzeugung, Erkrankungen des Auges bei der Paketerzeugung, Erkrankungen der Atmungsorgane bei der Rauchtabakerzeugung, Erkrankungen der Verdauungsorgane und der Haut bei der Tabakpaketerzeugung. Letztere müsste demnach die meisten Erkrankungen, abgesehen von solchen der Luftwege bedingen.

Indessen ist sowohl die Gesamtzahl der berücksichtigen Tabakarbeiter wie auch der der einzelnen Kategorien zu gering, als dass man daraus sichere Schlüsse ziehen könnte.

Für die Zigarettenindustrie lassen sich aus grösserem Material einige statistische Daten entnehmen, die mehr Beachtung verdienen.

Auffallend hoch und erheblich höher als bei den Tabakarbeitern in anderen Gegenden war die Morbidität der Tabakarbeiter Badens nach der von Wörishoffer mitgeteilten Statistik der Kranken- und Begräbniskasse des Gewerkvereins deutscher Zigarren- und Tabakarbeiter in Magdeburg für die Jahre 1881 bis einschliesslich 1888 die Zahl der Krankheitstage pro Mitglied betrug für die badischen Mitglieder $10^{1}/_{2}$, für die übrigen 6 Tage[2]).

Im einzelnen ergab sich unter Zusammenzählung der Ergebnisse für die Jahre 1881 bis einschliesslich 1888 folgendes Resultat:

---

1) Jehle, Hygiene der Tabakarbeiter. Arch. f. Unfallheilkunde, Gewerbehygiene und Gewerbekrankheiten. 3. Bd. Stuttgart 1901. Ferdinand Enke.
2) Wörishoffer, l. c. S. 186.

	Baden	Uebrige Verwaltungs- stellen
Mitglieder	1 952	3 248
Erkrankungsfälle	1 180	1 370
Innerlich.	981	1 063
Aeusserlich	199	307
Krankheitstage	20 748	19 654
Innerlich.	17 363	15 427
Aeusserlich	3 380	4 227
Krankheitstage pro Mitglied .	$10^1/_2$	6
Sterbefälle	23	9
Sterbefall auf Mitglieder . .	85	360
Mitgliederzahl Ende 1888 . .	391	360

Aehnlich ist das Ergebnis der Kranken- und Sterbekasse für die
Tabakarbeiter Deutschlands in Hamburg bezüglich ihrer 721 badischen
Mitglieder im Jahre 1888. Bei diesen kamen 9,4 Krankentage auf
jedes Mitglied.

Die grosse Zahl der Krankheitstage der badischen Mitglieder dieser
Kasse führt Wörishoffer darauf zurück und zwar wohl mit Recht,
dass es sich bei den Mitgliedern meist um die Bezirke Heidelberg,
Wiesloch und Schwetzingen handle, welche von jeher ein Herd der
Tuberkulose waren. Es dokumentiert sich in diesem Umstande nicht
allein der schlechte Gesundheitszustand der Tabakarbeiter, sondern
auch der Gesamtbevölkerung dieser Gegenden und kennzeichnet die
bereits hervorgehobene für die Zigarrenindustrie nicht gleichgültige
Tatsache, dass sie ihre grösste Entwicklung in gesundheitlich ungünstigen Bezirken gefunden hat.

Wenn Wörishoffer indessen als weiteren Grund der hohen
Krankenziffer bei den badischen Tabakarbeitern den Reiz der Doppel-
versicherung anführt, den dieselbe bei gesundheitlich minderwertigen
Elementen habe, welche so in den zahlreichen Krankheitsfällen eine
hohe Geldentschädigung zu bekommen suchen, so muss man doch
sagen, dass dieser Reiz in anderen Gegenden auch vorhanden ist und
den Unterschied der Morbidität nicht erklärt. Man müsste dann schon
annehmen, dass die Mitglieder dieser Kasse in anderen Gegenden mehr
aus selbständigen Kleingewerbetreibenden besteht, welche keiner anderen
Kasse angehören und somit ein höheres Interesse haben, ihre Erwerbsunfähigkeit nicht allzu lange auszudehnen.

Auch dann gibt immer noch der Unterschied in der Zahl der Sterbefälle zu denken (in Baden auf 85 Mitglieder ein Sterbefall, in den übrigen Gegenden auf 360 Mitglieder ein Sterbefall).

Auf den ersten Blick günstig könnte es scheinen, wenn man erfährt, dass im Jahre 1887 bei sämtlichen Betriebskrankenkassen Badens auf jedes Mitglied 5,56 Krankentage, bei den Betriebskrankenkassen der Zigarrenarbeiter Badens dagegen nur 5,4 Krankentage kamen[1]). Indessen hebt Wörishoffer mit Recht hervor, dass viele Zigarrenarbeiter mit chronischen Lungenleiden weiter arbeiten, während andere Arbeiter feiern müssen, und dass Arbeitsunfähigkeit infolge von Unfällen bei Zigarrenarbeitern sehr wenig vorkommt. Und wir fügen hinzu, dass auch in manchen Fällen von Anämie oder Magenleiden, Unterleibsleiden der Frauen, die sonst Erwerbsunfähigkeit bedingen, die Arbeit in der Tabakindustrie noch fortgesetzt wird.

Deutlicher bestätigen die statistischen Nachrichten aus Oestreich die höhere Morbidität der Tabakarbeiter. Im Jahre 1906 kamen daselbst 51,6 Erkrankungen auf 100 Tabakarbeiter, während die Durchschnittsmorbidität sämtlicher österreichischen Krankenkassen in dem betr. Jahre 48,8 betrug[2]). Die Erkrankungsziffer der männlichen Tabakarbeiter war allerdings geringer als die aller übrigen männlichen Arbeiter. Das Verhältnis war hier 36,3 zu 51,0. Bei den Tabakarbeiterinnen war es indessen 53,6 zu 41,4 bei allen übrigen Arbeiterinnen. Wir sehen demnach eine erheblich grössere Morbidität bei dem weiblichen Geschlecht in der Tabakindustrie. Die geringere Ziffer bei den männlichen Tabakarbeitern ist unseres Erachtens ohne Bedeutung, da erstens in Oesterreich die absolute Zahl der männlichen Tabakarbeiter gering ist (90 pCt. sind Arbeiterinnen), und da zweitens von diesen viele beim Pack- und Transportbetrieb beschäftigt sind.

Eine höhere Morbidität der Tabakarbeiter fand auch Jehle[3]).

Jehle untersuchte den Gesundheitszustand von 1000 Arbeitern einer grossen Tabakfabrik, welche alle hygienischen Einrichtungen und einen festen sesshaften Arbeiterstamm besass und bessere Löhne (!) zahlte wie die umliegenden Industrien und verglich denselben mit dem Gesamtgesundheitszustand der am gleichen Orte befindlichen, in einer Bezirkskrankenkasse zusammengefassten Arbeiter.

---

1) Wörishoffer, l. c. S. 129.
2) Zeitschr. f. Gewerbehygiene. Bd. 16. S. 9.
3) l. c.

Dabei ergab ein dreijähriger Durchschnitt eine Erkrankungsziffer von 50,8 bei den Tabakarbeitern pro 100 Arbeiter, bei den Arbeitern der Bezirkskrankenkasse 46,4.

Die Ursache der erhöhten Morbidität schiebt Jehle teilweise darauf, dass die Betriebskrankenkassen, wie sie auch die Tabakarbeiter haben, nach der österreichischen Krankheitsstatistik stärker in Anspruch genommen werden als andere Kassen.

Man muss aber doch bei derartig guten Verhältnissen (hohe Löhne, sesshafter Arbeiterstamm) annehmen, dass auch das Arbeitermaterial ein verhältnismässig gutes war, und deswegen scheint doch dieser erhöhten Morbidität eine wesentliche Bedeutung zuzukommen.

Die häufige Erkankung der Zigarrenarbeiter entspricht auch der Ansicht einer grösseren Anzahl von Kassenärzten, welche Wörishoffer anführt. Es wird von diesen Beobachtern die Meinung vertreten, dass das weibliche Geschlecht in noch höherem Prozentsatz erkranke als das männliche. Meine eigenen Beobachtungen entsprechen diesen Anschauungen. Die anämischen Beschwerden treten besonders bei den Mädchen in den Entwicklungsjahren häufig und stark hervor.

Ueber den Unterschied in der Morbidität der Heimarbeiter und Fabrikarbeiter liegen statistische Aufstellungen fast gar nicht vor. Nur im Gewerbeinspektionsbericht des Regierungs- und Gewerberats Scultetus in Merseburg aus dem Jahre 1904 findet sich eine derartige Mitteilung[1]).

Die Zahl der in Betracht gezogenen Arbeiter ist indessen zu gering, um daraus allgemeine Schlüsse ziehen zu können. Sie bezieht sich auf 496 Fabrik- und 279 Heimarbeiter. Von den Fabrikarbeitern erkrankten 23,99 pCt., von den Heimarbeitern 23,66 pCt. Die Zahl der Krankheitstage betrug bei den ersteren 27,97, bei den letzteren 33,11 auf den Kopf des Erkrankten. Hier scheinen also, abgesehen von dem geringfügigen Unterschied in der Zahl der Krankheitsfälle die Heimarbeiter schlechter daran zu sein als die Fabrikarbeiter. Die Todesfälle betrugen in den Fabriken 0,81 pCt., in der Hausindustrie 2,15 pCt. der versicherten Arbeiter. An Tuberkulose erkrankten in den Fabriken 1,61 pCt., in der Hausindustrie 3,94 pCt.

Diese Zahlen sind aber auch deshalb ziemlich wertlos, weil 1. die Fabrikarbeiter meist aus jüngeren und gesunden Elementen bestehen, 2. unter den Hausarbeitern von vornherein mehr kränkliche oder ältere Leute sich befinden, die den Weg zur Fabrik nicht machen können,

---

1) Jahresberichte der Gewerbeaufsichtsbeamten. 1904. Bd. 1. H. 1. S. 227.

und weil 3. Arbeiter, die früher, in jüngeren Jahren, in der Fabrik gearbeitet haben, später, wenn ihre Gesundheitsverhältnisse schlechter geworden sind, die Hausarbeit vorziehen.

Dass der Nachwuchs der Zigarrenarbeiter, welcher sich demselben Berufe widmet, besonders in den Gegenden mit Hausindustrie, wahrscheinlich noch ungünstigere Gesundheitsverhältnisse bieten wird als die erste Arbeitergeneration, geht mit Wahrscheinlichkeit aus dem oben angeführten Bericht des Landrates des Kreises Herford über die Qualität der Gestellungspflichtigen hervor.

Ueber die erhöhten Sterblichkeitsverhältnisse der Tabakarbeiter finden wir einige Angaben im Reichsarbeitsblatt von 1908 [1]).

Bei der Zentral-Kranken- und Sterbekasse der Tabakarbeiter Deutschlands zu Hamburg, welche in den Jahren 1896—1899 durchschnittlich 15 000 Mitglieder zählte (etwa $^2/_3$ männliche und $^1/_3$ weibliche) betrug die jährliche Sterblichkeit bei Ausschaltung der Todesfälle von Personen über 60 Jahre 10,77 pM. der Mitglieder. Demgegenüber betrug im Jahre 1896 die Gesamtsterblichkeit im Deutschen Reiche auf 1000 Lebende im Alter von 15—60 Jahren 9,0 pM.

Ueber die spezielle Morbidität der Zigarettenarbeiter geben die nachstehenden Mitteilungen einigen Aufschluss, welche den Angaben der Dresdener Ortskrankenkasse entstammen [2]). Die Zahlen beziehen sich zwar auf alle Tabakarbeiter, da aber die Zigarettenindustrie in Dresden die übrigen Tabakindustrien bedeutend überwiegt, so geben die Zahlen besonders bezüglich des weiblichen Geschlechtes ein ziemlich genaues Bild von den Verhältnissen in der Zigarettenarbeiterschaft.

	Mitglieder aus der Tabakindustrie			Gesamtmitgliederschaft der Kasse		
	Durchschnittl. Mitgliederbestand	Auf 100 Mitglieder entfallen		Durchschnittl. Mitgliederbestand	Auf 100 Mitglieder entfallen	
		Erwerbsunfähigkeitsfälle	Unterstützungstage		Erwerbsunfähigkeitsfälle	Unterstützungstage
A. Männliche Personen						
1900—1903	466	38	790	49 186	41	800
B. Weibliche Personen						
1900—1903	3336	53	1290	26 446	39	940

1) l. c. S. 467.
2) Bormann, l. c. S. 105 und 106.

Die Erwerbsunfähigkeitsfälle der männlichen Zigarettenarbeiter ist etwas geringer an Zahl als bei den übrigen Arbeitern, weil die Tabakarbeiter, wie schon Wörishoffer anführte, in krankem Zustande häufig ihre Arbeit noch verrichten, während andere Arbeiter feiern müssen, die Zahl der Unterstützungstage aber ist trotzdem ziemlich dieselbe.

Bedeutend ungünstiger liegen die Verhältnisse bezüglich Zahl der Fälle und Unterstützungstage für die Zigarettenarbeiterinnen, und die erhöhte Morbidität des weiblichen Geschlechts tritt somit auch in diesem Zweige der Tabakindustrie deutlich hervor.

Die Krankheiten, welche die Morbidität der Tabakarbeiter ganz erheblich und vorzugsweise beeinflussen, sind Anämie und Chlorose, Verdauungsstörungen und Lungentuberkulose. Daneben kommen in Betracht Krankheiten der weiblichen Geschlechtsorgane, des Nervensystems, der Atmungsorgane sowie Hautkrankheiten und Erkrankungen der Bindehaut.

Nervöse Störungen.

Wie schon mitgeteilt, leiden eintretende Arbeiter vielfach zunächst an nervösen Störungen verschiedener Art, Kopfweh, Schwindel, besonders morgens, Herzklopfen, unregelmässigem Puls und Appetitlosigkeit[1]).

Meistens verlieren diese Erscheinungen bald an Stärke und verschwinden zum Teil ganz. Magenbeschwerden und Kopfschmerzen treten aber auch vielfach später noch auf.

Eine bei Tabakarbeitern häufig vorkommende schreibkrampfähnliche Affektion, welche auch Kostial erwähnte, findet sich bei Stephani[2]) beschrieben.

Dieselbe äussert sich in Eingeschlafensein, Ameisenkriechen, Schwere des Armes, stechenden Schmerzen, Zuckungen der Muskelbündel und erschwerter Fingerbewegung. Die Beschwerden gehen meist zurück, aber die Arbeit geht langsamer von statten, es treten häufig Rezidive auf, und in schweren aber seltenen Fällen soll es zur Steifheit der Finger, ja zur Atrophie gewisser Handmuskeln kommen können[3]). Es handelt sich um eine regionäre Ermüdungsneuritis, möglicherweise aber auch um eine toxische Nervenschädigung. Denn

---

1) Wörishoffer, l. c. S. 199.
2) l. c. S. 637.
3) Deutsche Vierteljahrsschr. f. öffentl. Gesundheitspflege. 1885. Bd. 17. S. 229. Braunschweig, Vieweg u. Sohn.

Bulowa[1]) beobachtete bei Spitzenklöpplerinnen die Krämpfe nicht, während sie bei den Tabakarbeiterinnen derselben Gegend vorkommen. Die Folgen sind insofern nicht unerheblich, als die Erkrankung die Geschicklichkeit der Arbeiter beeinträchtigt und den Roller zwingt, zu der weniger lukrativen Arbeit des Wickelmachens überzugehen.

Eine vereinzelte Beobachtung einer Nervenstörung, welche durch die Tabaksgifte nach Ansicht des Autors bedingt war, erwähnen wir der Vollständigkeit halber. Gilbert in Paris beobachtete bei einem 62 jährigen Arbeiter, der seit 40 Jahren in einer Tabakfabrik arbeitete und desseu Hände und Arme fast ständig mit Tabaksaft bedeckt waren, eine motorische und sensible Störung an den Beinen[2]).

Die Blutarmut.

Die Blutarmut, deren Entstehung und Verbreitung gelegentlich der Besprechung der Tabakgiftwirkung schon erwähnt wurde, befällt die Tabakarbeiter fast sämtlich. Frische, rote Gesichter bekommt man in Tabakfabriken nicht zu sehen.

Jehle fand bei seiner sich auf 1000 Arbeiter gründenden Statistik folgendes:

Von 100 Tabakarbeitern erkranken an Blutarmut 7,81 pCt., von 100 anderen Arbeitern derselben Gegend 4,81 pCt., speziell an Chlorose von 100 Tabakarbeiterinnen 1,92 pCt., von 100 anderen Arbeitern 0,69 pCt.

Nach Rosenfeld[3]), welcher das grosse österreichische Material von über 35 000 Tabakarbeitern bearbeitet hat, litten an Chlorose und Anämie 1,92 pCt., von 100 Tabakarbeitern, dagegen nur 0,77 pCt. von allen Fabrikarbeitern.

Blutarmut und Bleichsucht finden sich auch sehr häufig bei den Zigarrettenarbeiterinnen. Auf 100 Erkrankungsfälle weiblicher Mitglieder der Ortskrankenkasse Dresden kamen in den Jahren 1900 bis 1903 bei Blutarmut und Bleichsucht bei Tabak-(= Zigaretten-)arbeiterinnen 21,9, bei allen weiblichen Kassenmitgliedern 20,0 Fälle.

Menstruationsstörungen und Sexualerkrankungen.

Da bei Chlorotischen Menstruationsstörungen nicht selten sind, so ist es durchaus erklärlich, dass solche auch bei Tabakarbeiterinnen häufig auftreten. Auch Scheiden- und Gebärmutterkatarrhe haben

---

1) Eulenberg, Handb. d. öffentl. Gesundheitspflege. S. 924.
2) Albrecht, l. c. S. 100.
3) Siehe Anlage.

häufig in der veränderten Blutbeschaffenheit ihren Grund, und ein Teil dieser Erkrankungen bei den Arbeiterinnen der Tabakfabriken ist auf dieser Basis enstanden, wobei noch in Betracht kommt, dass das andauernde Sitzen und die damit verbundene träge Verdauung die Blutstauung in den Beckenorganen begünstigt.

An Erkrankungen des Eierstocks, der Scheide und Gebärmutter kommen auf 1000 Textilarbeiterinnen 5,1, auf 1000 Tabakarbeiterinnen 10,4, auf 1000 Arbeiterinnen aller Art 6,3 nach Rosenfeld[1]).

Dass ausserdem noch der Einfluss der Tabakgifte als ätiologisches Moment beschuldigt werden muss, ist bei dem grossen Unterschied der letztgenannten Zahlen höchst wahrscheinlich. Rosenfeld neigt auch der Meinung zu, dass der Tabak eine spezifische exzitierende Wirkung bei den Tabakarbeiterinnen in der Richtung ausübe, dass er die Geschlechtsorgane stark errege, zu starkem Geschlechtsverkehr anrege und daher auch Krankheiten der Geschlechtsorgane herbeiführen könne.

Auffallend ist in den Zahlen Rosenfelds (s. Anlage) ja auch noch die Häufigkeit der Entbindungen bei den Tabakarbeiterinnen Oesterreichs. Jehle[2]) beobachtete bei 367 Tabakarbeiterinnen einer grossen Fabrik 15,99 Entbindungen auf 100 weibliche Mitglieder, während bei den Arbeiterinnen der Bezirkskrankenkasse desselben Bezirks nur 9,26 Entbindungen vorkamen. Er hält eine Steigerung des Geschlechtstriebes durch den Tabakdunst für möglich. Indessen geben beide Autoren an, dass ein grosser Teil der Tabakarbeiterinnen verheiratet sei, und daher vielleicht die erhöhte Geburtsziffer rühre.

Sicher ist, dass auch noch andere begleitende Ursachen der Tabakarbeit, welche sich in Deutschland vielfach in Fabriken mit gemischt geschlechtlicher Besetzung vollzieht, die Libido der Arbeiter und Arbeiterinnen erregen. Dahin gehört die Vertraulichkeit zwischen dem meist weiblichen Wickelmacher und dem männlichen Roller, der lascive Ton in den Fabriken usw. Diese Verhältnisse finden sich aber auch in der Textilbranche vielfach und man kann daher in diesem Umstande für die hohe Erkrankungsziffer an Sexualkrankheiten keine genügende Erklärung finden. Man kommt ohne Annahme einer spezifischen Tabakwirkung nicht aus. Früher hat man [Delaunay[3])] auch vielfach vermehrte Fehlgeburten bei den Tabakarbeiterinnen gefunden

---

1) l. c. S. 107.

2) l. c.

3) Referat einer Arbeit von Louis Poisson in der Vierteljahrsschr. f. ger. Med. Neue Folge. 1882. Bd. 36. S. 357.

und die Ursache der direkten Tabakwirkung zuschreiben wollen. Andere wieder (Lebail und Poisson) bestätigten dies nicht und auch Jehle konnte dies bei seinem Material nicht feststellen.

Wenn neuerdings wieder ein französischer Autor[1]) über häufigere Aborte bei Tabakarbeiterinnen berichtet, so braucht man nicht gleich die abortive Wirkung des Tabaks zu beschuldigen, sondern muss hierbei den Verdacht haben, dass es sich vielfach um künstlich herbeigeführte Aborte handelt, welche wohl in ihrer vermehrten Zahl dem häufigeren Geschlechtsgenuss der Tabakarbeiterinnen parallel gehen. Die Tierversuche, welche diese Forscher an trächtigen Tieren anstellten, welche durch Tabakmazerate oder wässerige Tabakrauchlösungen vergiftet wurden und darauf sämtlich abortierten, können mit den gewerblichen Verhältnissen der Arbeiter nicht ohne weiteres verglichen werden.

Mir selbst ist in meiner früheren Praxis eine grössere Häufigkeit von Aborten nicht aufgefallen. Dasselbe Resultat ergab eine Umfrage des Kreisgesundheitsamtes des Kreises Giessen bei den Hebammen des Bezirkes[2]). Dagegen berichteten diese, dass die Zigarrenarbeiterinnen häufiger unter Blutungen nach der Geburt, starken Menses und grosser Wehenschwäche leiden. Diese Erscheinungen werden von dem Kreisgesundheitsamte nicht als eine Folge des Tabakeinflusses, sondern vielmehr der sitzenden Lebensweise angesehen.

Auch Anämie und schlechte Ernährung dürfte hierbei in Betracht kommen.

Kostial beobachtete häufig Mastitis bei stillenden Tabakarbeiterinnen, und Rosenfeld[3]) gibt an, dass die Zahl dieser Erkrankungen in höherem Masse vermehrt sei als die Zahl der Entbindungen. Nach ihm kommen auf je 1000 Textilarbeiterinnen 1,2, auf je 1000 Tabakarbeiterinnen 3,8 Brustdrüsenerkrankungen.

Verdauungsstörungen.

Eine zweite Hautgruppe der Berufskrankheiten der Tabakarbeiter bilden die Verdauungsstörungen, welche zum grössten Teile der Ein-

---

1) Tabakvergiftung und Schwangerschaft von Georges Guillain und Abel Gy, Compt. rend. de la soc. de biol. 1907. T. 63. Nr. 35. Referat in der Zeitschr. f. Medizinalbeamte. 22. Jahrg. 1909. S. 197.

2) Interationale Uebersicht über Gewerbehygiene von Dr. E. D. Neisser in Berlin. Verlag Gutenberg. Berlin W. 35, Lützowstr. 105. Bibliothek für soziale Medizin, Hygiene und Medizinalstatistik von Dr. Rudolf Lennhoff. Nr. 1. S. 125.

3) l. c. S. 107.

wirkung der Tabakgifte zuzuschreiben sind. Wenn auch die Aufnahme des Nikotins usw. in Zukunft vielleicht eine etwas geringere sein wird, wenn das Verbot die Unsitte des Beleckens und Abbeissens der Spitze gründlicher beseitigt hat und die Trocknung des Tabaks in einwandfreierer Weise vorgenommen wird, so sind doch der Möglichkeiten schädigender Einwirkung der Tabakdünste genug gegeben, so dass die Folgen an den Verdauungsorganen sich auch später noch häufig zeigen werden. Eine Angewöhnung an diese Schädlichkeiten tritt nicht ein.

Wie schon erwähnt, glaubt Chapman[1]), dass unter der Einwirkung der Tabakgifte eine Abnahme der Magensaftsekretion und eine vermehrte Peristaltik des Darmes erfolge, eine Annahme, welche durch die Erfahrungen der Aerzte in Tabakindustriegegenden nicht widerlegt wird.

Die Beschwerden äussern sich in schmerzhaften Zuständen des Magens und Darmes[2]), die unter Umständen recht hartnäckig sind. Die Häufigkeit dieser Erkrankungen findet sich auch in dem Artikel „Die Arbeiterverhältnisse beim österreichischen Tabakmonopol" erwähnt[3]). Sie figurieren dort im Jahre 1907 mit als die stärkste Krankheitsgruppe. Der Bericht erwähnt von Magen- und Darmkatarrhen 2519 Erkrankungsfälle mit einer Durchschnittsdauer von 17,1 Tagen und Jehle[4]) fand bei seinem günstigen Material, dass von 100 Tabakarbeitern 20,71, von den andern Arbeitern des Distriktes 11,05 an Verdauungskrankheiten litten.

Diese Magenleiden sind aber keineswegs bösartige. Die Mortalität der Tabakarbeiter an Verdauungskrankheiten ist nach dem Bericht des österreichischen Ministeriums aus dem Jahre 1890[5]) geringer als bei anderen Arbeitern.

Es starben hiernach von je 100

Fabrikarbeitern . .	0,067
Eisenbahnarbeitern .	0,064
Textilarbeitern . . .	0,069
Tabakarbeitern . . .	**0,046**
Professionisten . . .	0,055

an Krankheiten der Verdauungsorgane.

---

1) Albrecht, l. c. S. 100.
2) Stephani, l. c. S. 639.
3) Zeitschrift für Gewerbehygiene. Bd. 16. S. 39.
4) l. c.
5) Rosenfeld, l. c. S. 104.

Meine eigenen Erfahrungen bestätigen auffallend die Häufigkeit der Verdauungskrankheiten (Magenkatarrh, Hyperästhesien des Magens und Darmes).

Dabei soll nicht geleugnet werden, dass in manchen Fällen die schlechte Zubereitung der Mahlzeit und verkehrte Auswahl der Speisen seitens der des Kochens unkundigen Frauen eine Rolle mitspielt. Wo Zichorienkaffee, Wurst und Brot oder Kartoffeln das Mittagessen bilden, da kann man sich über fehlerhafte Magentätigkeit nicht wundern. Hinzu kommen als schädigende Momente noch das lange Stillsitzen und der Aufenthalt in schlechter Luft. Beides ist nicht dazu angetan, die Tätigkeit der Verdauungsorgane anzuregen. Ausserdem ist der Alkoholismus häufig mit im Spiele.

Erkrankungen der Atmungsorgane.

Chronische Nasen-, Kehlkopf-, Rachen- und Bronchialkatarrhe sind bei Tabakarbeitern häufig, ihre Pathogenese wurde gelegentlich der Besprechung der Staubschädigung erwähnt. Statistisches ergibt die Tabelle von Rosenfeld. Diese Krankheiten sind als eigentliche Berufskrankheiten der Tabakarbeiter anzusehen[1]. Ihre tiefere Bedeutung liegt in dem Umstande, dass sie vielfach den Boden für die Ansiedelung des Tuberkelbazillus vorbereiten.

Die Tuberkulose.

Am wichtigsten und viel diskutiert ist die Frage der spezifischen Einwirkung der Tabakarbeit auf die Tuberkuloseentstehung und Tuberkulosemortalität. Dieses Kapitel hat die widersprechendste Beurteilung erfahren und bis in die letzte Zeit standen sich die Anschauungen vielfach diametral gegenüber

Im Jahre 1843 bereits beschäftigte sich in Frankreich die Akademie für Medizin mit der Tuberkulosefrage. Damals sprachen sich von 10 Aerzten 5 für die wohltätige Wirkung der Arbeit in den Tabakfabriken auf die Schwindsucht aus[2]. Rochs, der nur das kleine Material der 100—120 Arbeiter zählenden Ermelerschen Fabrik in Berlin untersuchte, meinte, dass der Grund des Sterbens an Lungentuberkulose in der Minderwertigkeit des Arbeitermaterials und der un-

---

1) Siehe auch Zeitschr. f. Gewerbehygiene. 16. Jahrg. S. 39.
2) Referat einer Arbeit von Louis Poisson in Vierteljahrsschr. f. gerichtl. Med. Neue Folge. 1882. Bd. 36. S. 357.

zweckmässigen Lebensweise liege, und dass die Arbeit an und für sich keine nennenswerten gesundheitlichen Schädigungen bedinge. Er fand das Aussehen der Arbeiter gut, die Phthise sei selten. Ausschlaggebender Wert ist deshalb den Resultaten nicht beizumessen, weil nur die Arbeitsverhältnisse einer gut eingerichteten und geleiteten Fabrik berücksichtigt werden, und das Material zu klein ist.

Aus demselben Grunde ist das Resultat Jehles nicht verwertbar, welcher bei seinen Tabakarbeitern nur 0,94, bei den anderen Arbeitern des Bezirkes 1,0 an Tuberkulose Erkrankte fand pro 100 Arbeiter[1]). Diese Zahlen stehen im Gegensatz zu anderen Berichten aus Oesterreich. Vielleicht war das Material Jehles bei den von ihm erwähnten hohen Löhnen (die Tabakarbeiter verdienten mehr als die anderen Arbeiter derselben Gegend) gesundheitlich ein besonders gutes.

Mehr Beachtung verdienen die Ausführungen Walthers[2]), welcher in mehrjähriger Beobachtung im Bezirk Ettenheim in Baden feststellen konnte, dass trotz Zunahme der Zigarrenarbeiter von 1100 auf 2392 die Mortalität an Tuberkulose nicht zunahm. In einem zweijährigen Zeitraum kamen daselbst 75 Todesfälle an Tuberkulose zur Anzeige. Hiervon waren 26 Zigarrenarbeiter. Das Verhältnis der Tuberkulosefälle der übrigen Bevölkerung zu der der Zigarrenarbeiter war also 2 : 1, während das Verhältnis der Zahl der Einwohner zur der der Zigarrenarbeiter sich wie 6 : 1 verhielt. Walther muss also die Häufigkeit der Tuberkulose unter den Zigarrenarbeiter zugeben, meint aber in Anbetracht des Umstandes, dass unter den Zigarrenarbeitern viele junge Leute sind, dass hierdurch nur bewiesen sei, dass Proletarier und junge Leute besonders leicht von Tuberkulose befallen werden, mögen sie Zigarrenarbeiter sein oder sonst einen Beruf haben. Hätte die Zigarrenarbeit einen spezifischen Einfluss, so hätte die Mortalität mit dem Anwachsen der Zigarrenindustrie steigen müssen.

Walther berücksichtigt meines Erachtens den Umstand nicht, dass die Tuberkulosesterblichkeit bereits seit Jahren abgenommen hat. Wenn derselbe Autor fordert, dass man, um sichere Schlüsse ziehen zu können, gleiche Altersklassen und gleiche Schichten der Bevölkerung (betr. Nahrung, Wohnung, Kleidung und Lebenshaltung gleich) sowie ähnliche Arbeitsklassen den Zigarrenarbeitern gegenüberstellen müsse, um den spezifischen Einfluss der Tabakarbeit zu eruieren, so

---

1) l. c.
2) Zitiert von Brauer, l. c. S. 17.

ist das streng genommen auch noch nicht ausreichend. Die zum Vergleich herangezogenen Gewerbe können ja die gleichen hygienischen Nachteile bieten. Man müsste noch weiterhin andere nicht gesundsundheitsgefährdende Berufe heranziehen und zwar aus derselben Gegend, worauf es sehr ankommt, zumal wir wissen, dass die Tuberkulosemorbidität in manchmal dicht nebeneinanderliegenden Distrikten erheblich differiert. Dass es viele tuberkulöse Zigarrenarbeiter gibt, ist nicht auffallend. Denn die Zigarrenindustrie Badens und Westfalens befindet sich in einer Gegend mit erheblicher Tuberkulosesterblichkeit und insgesamt macht die daselbst wohnende Arbeiterschaft reichlich zwei Fünftel der Gesamttabakarbeiterschaft Deutschlands aus. Selbstverständlich kommen wie unter dieser Bevölkerung überhaupt, so auch unter den Zigarrenarbeitern viele Tuberkulosefälle vor. Daraus allein auf einen kausalen Zusammenhang zwischen Gewerbe und Tuberkulose zu schliessen wäre voreilig. Will man den Berufseinfluss feststellen, so muss der Vergleich mit anderen Arbeitern derselben Gegend angestellt werden. Beachtet man diesen Punkt nicht, so kommt man zu Fehlschlüssen. Manche statistische Angaben, die keine Rücksicht hierauf nehmen, sind deshalb vollkommen unbrauchbar.

Wenn es beispielsweise in dem Bericht des Bezirksarztes von Bruchsal[1]), in dessen Amtsbezirk sich viele Zigarrenfabriken befinden, heisst, dass auf 1000 Einwohner im Jahre 1907 2,69 Todesfälle an Tuberkulose vorgekommen seien, während der Landesdurchschnitt nur 2,28 Fälle betrug, und weiter angeführt wird, dass von 1000 Zigarrenarbeitern 6 an Tuberkulose, von der übrigen Bevölkerung Badens nur 2,19 daran starben, so beweist dies nichts. Anders läge die Sache, wenn im Bezirke Bruchsal und Umgebung nur 2,19 pM. der übrigen Bevölkerung an Tuberkulose starben. Es ist hier eben nicht berücksichtigt, dass die Zigarrenindustrie Badens fast ganz allein ihren Sitz in den von jeher stark von Tuberkulose heimgesuchten Bezirken hatte[2]). Die Tuberkulose ist hier nicht etwa erst durch die Zigarrenarbeit gezüchtet worden. Die Zigarrenindustrie hat das Bestreben, um trotz Zoll- und Steuererhöhung billig produzieren zu können, arme Gegenden mit zahlreicher arbeitsloser Bevölkerung anzusuchen, wie mehrfach hervorgehoben wurde, und diese Bezirke sind von früher bereits vielfach Brutstätten der Tuberkulose. Auch im Regierungsbezirk

---

1) Jahresberichte der Gewerbeaufsichtsbeamten. 1908. Bd. 2. H. 5. S. 74.
2) W. Hofmann, l. c. Siehe Karte I im Anhang der Arbeit dieses Autors.

Minden finden wir dasselbe Verhältnis. Aermliche Verhältnisse bestanden hier zur Zeit, als die Zigarrenindustrie daselbst weitere Verbreitung gewann. Verbunden damit war mangelhafte Sauberkeit, Abschluss nach aussen und grosse Sesshaftigkeit sowie Inzucht der Bevölkerung, und so ist die Tuberkulose stets dort heimisch gewesen. Wie es dort überhaupt viele Tuberkulöse gibt, so gibt es natürlich bei der grossen Zahl der Zigarrenarbeiter an sich auch viele tuberkulöse Zigarrenarbeiter. Andere Gegenden mit stärkerer Zigarrenindustrie, wie z. B. das Eichsfeld, Thüringen, die Rhön, das Erzgebirge, bieten mit ihrer armen Bevölkerung wahrscheinlich auch keine günstigen sanitären Verhältnisse dar. Diese Verhältnisse der Gesamtbevölkerung der Tabakindustriebezirke heischen bei der Bewertung des Einflusses der gewerblichen Schädlichkeit der Tabakarbeit eingehendste Beachtung, weil man nur so die letzteren schärfer abgrenzen und sich vor zu weitgehenden Schlüssen hüten kann.

Zahlen wie die von Schellenberg[1]) oder wie die in dem Jahresbericht der badischen Fabrikinspektion für 1889, S. 58 enthaltenen sind nicht beweisend. Schellenberg bringt folgende Aufstellung aus einigen Gemeinden Badens:

Jahr	Zahl der an Lungentuberkulose vor dem 40. Jahr gestorbenen Zigarrenarbeiter	Zahl der Zigarrenarbeiter	Prozentzahl der an Lungentuberkulose Gestorbenen
1887	16	853	1,87
1888	22	870	2,35
1889	16	900	1,77
1890	17	950	1,79
1891	18	1000	1,80
1892	26	1050	2,70
1893	26	1100	2,30

Im Grossherzogtum Baden starben nach Schellenberg in derselben Zeitperiode 0,27—0,29 pCt., 1892 nur 0,23 pCt. der Gesamtbevölkerung an Lungentuberkulose.

In welchem Masse die übrige Bevölkerung der Gemeinden mit Zigarrenindustrie an der Tuberkulosesterblichkeit partizipierte, diese wichtige Angabe fehlt.

Derselbe Mangel ist dem erwähnten Bericht der Fabrikinspektoren vorzuwerfen, welcher mitteilt, dass in Hockenheim von 1887

---

1) l. c. S. 168.

bis 1893 durchschnittlich 2,08 pCt. der beschäftigten Zigarrenarbeiter an Tuberkulose starben, während in dieser Zeit in Baden nur 0,28 pCt. der Gesamtbevölkerung der Tuberkulose erlagen.

Grösseren Wert können zweifellos die Ausführungen Brauers[1]) beanspruchen.

Brauer teilt mit, dass in der Heidelberger medizinischen Klinik von 1889 bis 1898 10 751 Patienten aufgenommen wurden. Davon waren 376 Zigarrenarbeiter, die übrigen 10 375 gehörten anderen Berufen an. Die aufgenommenen Zigarrenarbeiter zeigten 25,5 pCt. tuberkulöse Erkrankungen, die anderen Berufe nur 13,1 pCt.

Brauer hat in seiner ausführlichen Arbeit eine Tabelle der Orte nach Tukerkulosemortalität, Einwohnerzahl usw. und Zahl der Zigarrenarbeiter aufgestellt und dabei allerdings nicht immer ein Parallellaufen zwischen Zigarrenarbeiterzahl und Tuberkulosemortalität festgestellt, aber beobachtet, dass bei Zusammenfassen der Orte zu grösseren Gruppen ein Steigen der Tuberkulosemortalität mit der prozentualen Zunahme der Zigarrenarbeiterzahl bestand.

Brauer meint, dass dieses Verhältnis den Einfluss der Zigarrenarbeit auf die Zunahme der Tuberkulose deutlich zeige. Ein grösserer Zustrom von Schwächlingen könne in den betreffenden Bezirken die Morbiditätsziffer nicht so erheblich beeinflussen. Dass die betreffenden Orte von jeher ein Herd der Tuberkulose gewesen seien, erkäre die Sache ebenfalls nicht, und ebensowenig könne die Armut stark ins Gewicht fallen, welche bei den Kleinbauern Badens oft noch grösser sei.

Meines Erachtens legt Brauer der Tatsache, dass manche Schwächlinge sich der Zigarrenarbeit zuwenden, doch allzuwenig Bedeutung bei. Zweifellos ist ihm Recht zu geben, dass da, wo die Industrie gehäuft auftritt und die vorherrschende Arbeitsgelegenheit bietet, der Prozentsatz solcher Elemente nicht sehr ins Gewicht fällt, aber es dürfte doch der Wirklichkeit im allgemeinen nicht entsprechen, wenn Brauer (S. 39) sagt: „Wo die soziale Lage es einer Familie ermöglicht, unter ihren Mitgliedern eine Auswahl zu treffen, da sendet sie die Schwächlinge auch häufig nicht in die Fabrik, sondern auf das platte Land, damit sie gesund werden." Diese Mitteilung steht im Gegensatz zu den Mitteilungen Wörishoffers, welcher erklärt, dass gerade derartige Elemente in die Fabrik geschickt würden. Nach meinen und anderer Erfahrungen steht es fest, dass die Ansicht

---

1) l. c.

Wörishoffers zutreffender ist. Was für die Landarbeit zu schwach ist, kommt immer in erster Linie in die Zigarrenfabriken. In den Augen kräftiger Arbeiter gilt die Zigarrenarbeit, welche keine Muskelanstrengung erfordert und viel von Frauen ausgeführt wird, doch vielfach als etwas minderwertig, der Landarbeiter sieht häufig auf den Zigarrenarbeiter in gewisser Weise herab.

Ferner ist der Beweis für die Meinung, dass die Höhe der Tuberkulosesterblichkeit in den betreffenden Orten Badens nicht schon vorher vorhanden war und durch die Zigarrenarbeit in bestimmender Weise beeinflusst ist, von Brauer nicht in zwingender Weise erbracht.

Meinen eigenen Standpunkt in dieser Frage möchte ich dahin präzisieren, dass allerdings sowohl der direkte Einfluss der Tabakarbeit (Katarrh durch Staubinhalation, Anämie), wie die indirekten Ursachen, welche mit den Erwerbs- und Lebensbedingungen der Tabakarbeiter teils weniger nahe (unsolides Leben, sitzende Lebensweise in geschlossenen, dicht besetzten Arbeitsräumen), teils aber auch recht innig zusammenhängen (Frauenarbeit, Hausarbeit, Kinderarbeit, Unsauberkeit, schlechte Ernährung, niedrige Löhne, Sitz der Massenproduktion in armen und Tuberkulosegegenden) eine erhöhte Tuberkulosemorbidität bedingen, dass man sich aber hüten muss, angesichts der Vielgestaltigkeit der Ursachen den Wert der erstgenannten direkten gewerblichen Schädlichkeiten allzu einseitig hervorzuheben.

Der grösste Teil der Tabakarbeitertuberkulosen ist nicht durch die Arbeitsverhältnisse bedingt, sondern durch die allgemeinen ethnologischen, hygienischen und sozialen Verhältnisse der Gegenden, wo diese Industrie ihren Sitz hat. Nur ein kleinerer Teil ist auf spezielle gewerbliche Schädigungen zurückzuführen. Ein gewisser Prozentsatz hat seinen Grund in der Tatsache, dass gesundheitlich minderwertige oder schon kranke Elemente sich diesem Gewerbe zuwenden.

Dass die Tabakarbeit nicht in dem hohen Masse, wie viele Autoren und auch Brauer meint, die Tuberkulose hervorruft, geht aus dem statistischen Material des Regierungsbezirks Minden hervor.

In Westfalen beschränkt sich die Zigarrenindustrie fast ausschliesslich auf die Kreise Minden, Lübbecke und Herford.

Die Kreise Höxter, Halle, Wiedenbrück usw. kommen so gut wie gar nicht in Betracht. Es hatten der Kreis Herford 1905 117 000 Ein-

wohner, davon 16 278 Zigarrenarbeiter, = 13,9 pCt. der Bevölkerung;
der Kreis Lübbecke 1905 50800 Einwohner, davon 4039 Zigarrenarbeiter,
= 7,9 pCt. der Bevölkerung; der Kreis Minden 1905 107 850 Einwohner, davon 3467 Tabakarbeiter, = 3,2 pCt. der Bevölkerung.

Nun vergleiche man damit die Tuberkulosesterblichkeit der
einzelnen Kreise, wie sie aus der in der Anlage befindlichen Tabelle
hervorgeht[1]). Auffallend ist hier die grosse Abnahme der Tuberkulosesterblichkeit. Die Abnahme ist nicht nur in den Zigarrenindustriekreisen, sondern auch in den fast rein landwirtschaftlichen Kreisen
Halle, Wiedenbrück, Büren, Höxter, Warburg zu finden. Sie ist eine
Folge des energischen Kampfes gegen die Tuberkulose und beweist
natürlich nicht die Unschädlichkeit der Zigarrenfabrikation.

Man sieht aber hier, dass die Tuberkulosesterblichkeit der Verbreitung der Zigarrenindustrie nicht parallel geht, wie es Braun für Baden
behauptet. Der Kreis Lübbecke hat in den Jahren 1904—1909 mit
23,4 $^0/_{000}$ die höchste Tuberkulosemortalität bei einer Zigarrenarbeiterzahl von 7,9 pCt. der Bevölkerung, während der Kreis Herford mit
20,1 $^0/_{000}$ Tuberkulosemortalität trotz seiner 13,9 pCt. Zigarrenarbeiter
günstiger gestellt ist. Die Kreise Wiedenbrück mit 20,3, Büren mit
19,4, Höxter mit 20,5 und Warburg mit 19,4 $^0/_{000}$, welche meines
Wissens fast rein Landwirtschaft treibende Bevölkerung besitzen, stehen
dem Kreise Herford bez. Tuberkulosesterblichkeit so gut wie gleich.
Die Ursache für das starke Vorkommen der Tuberkulose im Kreise
Lübbecke ist wohl nicht zum wenigsten der starken Inzucht in
dieser Gegend zuzuschreiben, welche durch schlechte Verkehrsverhält-
nisse — der Kreis hat erst seit etwa 12 Jahren eine Eisenbahn —
noch befördert wurde. Gesundheitsschädliche Gewerbebetriebe anderer
Art sind im Kreise nicht vorhanden, es handelt sich im übrigen nur
um bäuerliche Bevölkerung.

Wenn man den Bielefelder Bezirk wegen seiner schlecht ver-
gleichbaren Industrieverhältnisse. sowie den Kreis Paderborn fortlässt,
wo sich das fast nur von Tuberkulösen besuchte Bad Lippspringe befindet, so ergibt sich bezüglich der Gesamtsterblichkeit, dass sich dieselbe in den Kreisen Halle, Wiedenbrück, Büren, Höxter, Warburg zu

---

1) Aus „Die Tuberkulosebekämpfung im Regierungsbezirk Minden." Zur
Eröffnung der Wander-Tuberkuloseausstellung am 13. 4. 1911 in Minden i. W.
Von Geheimrat Prof. Dr. Rapmund in Minden i. W. Druck von J. C. C. Bruns,
Minden 1911.

der in Minden, Herford, Lübbeke in den Jahren 1904—1909 verhält wie 157,6 : 152,7. Demnach sind anscheinend die allgemeinen gesundheitlichen Verhältnisse der drei letztgenannten Kreise bessere. Die Tuberkulosesterblichkeit dagegen verhält sich wie 19,34 : 20,28. Also günstigere allgemeine, aber ungünstigere Tuberkulosesterblichkeitsverhältnisse in den drei Zigarrenindustriekreisen. Da die Ziffern die Sterblichkeit für 10 000 Lebende angeben, so ist der Unterschied nicht allzu erheblich. Ungünstiger erscheinen aber die Verhältnisse, wenn man die Tuberkulosemortalität in den Landgemeinden vergleicht, welche für die Zigarrenindustrie in den drei Kreisen mehr als die Städte in Frage kommen. Auch hier war die allgemeine Sterblichkeit in den Jahren 1904—1900 etwas besser in den Landgemeinden der Kreise Minden, Lübbecke und Herford. Sie betrug durchschnittlich 151,5, während die Durchschnittsziffer in den anderen fünf Kreisen 157,2 war. Die Durchschnittszahl der Tuberkulosemortalität aber war 1904—1909 in den Landgemeinden Minden, Herford, Lübbecke 22,74, in den Landgemeinden der Kreise Halle, Wiedenbrück, Büren, Höxter und Warburg 18,22.

Gerade in diesen letzten Ziffern scheint mir bei den sonst gleichen Erwerbsverhältnissen dieser Kreise ein Hinweis auf die Zigarrenarbeit als Ursache höherer Tuberkulosesterblichkeit gegeben zu sein.

Aber auch hier finden wir ein Ueberwiegen der Landgemeinden des Kreises Lübbecke mit 23,4 über die stärker mit Tabakindustrie durchsetzten Landgemeinden des Kreises Herford mit 22,6, und dieses Verhältnis muss bei aller Anerkennung des ätiologischen Einflusses der Tabakarbeit doch die Annahme bestärken, dass man diesen Einfluss nicht überschätzen darf, dass er vielmehr nur eine Komponente in dem vielgestaltigen Bilde der zur Tuberkulose führenden Ursachen ist.

Die meisten Tuberkuloseerkrankungen der Zigarrenarbeiter Badens und Westfalens sind durch dieselben Ursachen wie bei der übrigen Bevölkerung hervorgerufen. Als solche seien genannt schlechte Wohnungen, Zusammenschlafen mit Kranken in einem Bett, Fehlen der Desinfektion der Wohnungen nach dem Umzug Tuberkulöser, Unsauberkeit, Inzucht, Alkoholismus und vielleicht auch Rassendisposition.

Der kleinere Teil der Tabakarbeitertuberkulosen muss den direkten Schädlichkeiten der Arbeit und der zum Teil innig mit derselben verbundenen Erwerbsverhältnisse (niedriger Lohn, schlechte Ernährung, Magenstörungen, Anämie, schlechte Körperhaltung, Frauen-, Kinder-, Hausarbeit, zu lang ausgedehnte Arbeitszeit) zugeschoben werden.

Eine weitere Ausdehnung der Krankheit ist ferner noch dadurch ermöglicht, dass in den ärmlichen und schon an und für sich tuberkulosereichen Gegenden Westfalens und Badens sowie der Pfalz schon vorher kranke Elemente in grösserer Zahl in die Arbeit hineinkommen und bei der Zusammenarbeit für ihre Mitarbeiter zahlreiche Infektionsquellen abgeben.

Dafür, dass der Einfluss der gewerblichen Tätigkeit auf das Zustandekommen der Tuberkuloseinfektion tatsächlich besteht, haben sich auch andere Beobachter ausgesprochen.

Wörishoffer[1]) erwähnt, dass im Amtsbezirk Wiesloch unter den sämtlichen Todesfällen 14 pCt. auf Tuberkulose kamen, für die Gesamteinwohnerzahl eine Sterblichkeit von 0,38 pCt. Von den dieser Krankheit erlegenen Personen gehörten 46 pCt. der Zigarrenindustrie an, während von der Gesamteinwohnerzahl nur 19 pCt. in der Zigarrenindustrie beschäftigt waren. Unter den Zigarrenarbeitern betrug die Sterblichkeit an Schwindsucht 0,86 pCt.

Diese grosse Zahl ist überraschend. Allerdings rechnet Wörishoffer solche Personen als Zigarrenarbeiter mit, welche früher in einer Zigarrenfabrik gearbeitet und nach seiner Meinung sich dort die Krankheitskeime geholt hatten. Wenn man auch diese Annahme als ziemlich willkürlich ansehen muss und den Umstand in Betracht zieht, dass es sich möglicherweise um eine Anzahl von vornherein schwächlicher Individuen gehandelt haben mag und dass ausserdem diese Zahlen einem kleinen Amtsbezirk von etwa 25 000 Einwohnern entstammen, dessen Statistik noch lange keinen allgemeinen Schluss gestatten, so ist doch die Höhe der Tuberkuloseziffer zu gross, um ihre Erklärung in den letztgenannten Umständen zu finden.

Viele badische Aerzte[2]) beobachteten, dass sich die Tuberkulose häufig junger Leute bemächtigte, welche ohne erblich belastet zu sein, mit schwächlicher Konstitution behaftet, im jugendlichen Alter in die Fabriken geschickt wurden.

Von Wert ist in dieser Frage noch ein Vergleich der Todesfälle an Tuberkulose bei Zigarrenarbeitern und Buchdruckern, wie er im Bezirk Merseburg vor einigen Jahren angestellt worden ist[3]). Das Arbeitermaterial ist bei beiden Berufen ein gleiches, auch bei Buch-

---

1) l. c. S. 86.
2) Wörishoffer, l. c. S. 187.
3) Jahresberichte der Gewerbeaufsichtsbeamten. 1904. Bd. 1. H. 1. S. 227.

druckern finden sich vielfach schwächliche Personen. Die Zahl der in Betracht gezogenen Buchdrucker betrug 1352. Von diesen erkrankten 1,33 pCt. an Tuberkulose, von den 800 Zigarrenarbeitern dagegen 2,45 pCt., eine Zahl, welche trotz des kleinen Materials und der möglicherweise hineinspielenden anderen Ursachen doch bemerkenswert ist.

Die grosse Statistik Rosenfelds ergibt (s. Anlage), dass die Tuberkulose unter den bezüglich Arbeitermaterial und Staubgefahr ähnlich sich verhaltenden Textilarbeitern immer noch etwas geringer ist wie unter den Tabakarbeitern.

Es würde auch a priori sonderbar erscheinen, wenn die Tabakarbeit in dieser Hinsicht ganz harmlos wäre. Anämie und Magenstörungen, beides Folgen der Berufsarbeit, bilden schon günstige Vorstufen der Tuberkulose, die mit der Arbeit verbundene Feststellung der oberen Thoraxpartie, welche eine ausgiebige Lüftung der Lunge nicht gestattet, ist der natürlichen Entfernung eingedrungener Krankheitserreger nicht förderlich. Chronische Nasen-, Rachen-, Kehlkopf- und Bronchialkatarrhe, welche sich häufig bei Tabakarbeitern finden, wirken in demselben Sinne. Sie schädigen das Flimmerepithel und ermöglichen so das lange Haften von Schwindsuchtskeimen, welche in dem gebildeten Schleim einen willkommenen Nährboden finden. Wir haben oben gesehen, dass die fortgesetzte Staubinhalation schliesslich kleine Schleimhautdefekte erzeugt, so dass dem Tuberkelbazillus das Tor nunmehr offensteht. In den Gegenden mit grosser Tuberkulosehäufigkeit sind die von vornherein zahlreich vorhandenen tuberkulösen Zigarrenarbeiter die Stellen, von denen die Infektion vorzugsweise ausgehen kann. Dabei kommt das Nahebeieinandersitzen oder das Gegenübersitzen sehr in Betracht, weil dadurch die Infektion mit tuberkelbazillenhaltigen Sputumtröpfchen ausserordentlich erleichtert ist, zumal der Staub die tuberkulösen Arbeiter häufig zum Husten reizt. Ob der Staub des Fussbodens, welcher in Folge des ungenierten Ausspuckens häufig mit Tuberkelbazillen massenweise verunreinigt ist, die Bazillen lange virulent erhält, ist zweifelhaft. Aber bei der Widerstandsfähigkeit der Tuberkelbazillen der Austrocknung gegenüber ist ein derartiger Infektionsmodus besonders in schlecht belichteten Räumen sicher häufig genug. Grösser noch ist die Gefahr für junge schwächliche Leute, besonders solche, welche schon als Kinder in der Tabaksatmosphäre aufgewachsen sind und dann anämisch und schlecht genährt mit 14 Jahren in die Fabrik kommen.

Zibell[1]) fordert deshalb mit Recht den Ausschluss jugendlicher Arbeiter und Arbeiterinnen aus Staubbetrieben.

Ich möchte mich dieser Forderung durchaus anschliessen. Den schulentlassenen Mädchen würde dann auch die so notwendige Gelegenheit geboten sein, vor dem Eintritt in die Zigarrenfabrik die Hauswirtschaft zu erlernen. Vielleicht würde auch ein Teil derselben zum eigenen Vortheil der Zigarrenarbeit ferngehalten werden. Selbstverständlich ist die gänzliche Aufhebung der Kinderarbeit in allererster Linie notwendig.

Die Tuberkulosegefahr in den Tabakfabriken wird durch möglichste Staubbeseitigung, Verbot des Ausspuckens auf den Fussboden usw. zu verringern sein. Wenn die gesetzlichen Vorschriften in den Fabriken erst überall nur einigermassen innegehalten werden, so wird ein gewisser Erfolg sich sicher zeigen. Wesentlich ist ein möglichst grosser Luftkubus für jeden Arbeiter und eine derartige Entfernung der einzelnen Sitzplätze von einander, dass Tröpfcheninfektionen im Sinne Flügges vermieden werden.

Daneben ist eine gesundheitliche Ueberwachung der Arbeiterschaft nötig, und zwar zunächst Untersuchung der Arbeiter bei der Annahme, ferner weitere Revision der Arbeiterschaft in geeigneten Zwischenräumen und Entfernung der mit offener Tuberkulose Behafteten. Damit letztere nicht mittel- und arbeitslos dem Elend ausgesetzt zu werden brauchen, wird es sich empfehlen, in den Heilstätten den Uebergang zu anderen Berufsarten zu erleichtern und einen Arbeitsnachweis für derartige Arbeiter einzurichten.

Erziehung zur Sauberkeit, Vorschreiben besonderer Arbeitskleidung, Badegelegenheit in grossen und ausreichende Waschgelegenheit in kleinen Fabriken, Bekämpfung des Alkoholgenusses kämen gleichfalls als wichtig in Betracht.

Unvollkommen blieben alle diese Massregeln, wenn nicht der Krebsschaden der Tabakindustrie beseitigt würde, nämlich die Heimarbeit, welche sich, von Ausnahmen abgesehen, unter viel schlechteren hygienischen Verhältnissen vollzieht wie die Fabrikarbeit.

Das auch die Hausarbeit verheirateter Frauen nicht gerade wünschenswert ist, haben die Berichte aus Baden und Mitteldeutsch-

---

1) Zibell, Ueber die Schutzmassregeln zur Verhütung von Berufskrankheiten der Arbeiter bei Fabrikationen mit Staubentwicklung. Diese Vierteljahrsschr. 1905. Bd. 29. 3. Folge.

land gezeigt. Auch der enragiertesten Frauenrechtlerin muss es sonderbar vorkommen, wenn der Mann zuhause das Mittagessen kocht und die Kinder wiegt, während die Frau in die Fabrik auf Arbeit geht. Die Mutter gehört den Kindern, nicht der Fabrik.

Selbstverständlich würden diese Massnahmen eine Erhöhung der Löhne bedingen, eine Folge, welche im Interesse der Arbeiter nur zu begrüssen wäre. Denn hier wie in anderen Industrien muss der Verdienst des Mannes derart sein, dass davon eine Familie existieren kann.

In der Zigarettenindustrie ist die Tuberkulosegefahr weniger erheblich. Nach der Statistik der Ortskrankenkasse Dresden kamen 1900 bis 1903 auf 100 aller Erkrankungsfälle bei Tabak-(= Zigaretten-)arbeiterinnen 1,8 Fälle, bei allen weiblichen Kassenmitgliedern dieselbe Zahl auf Tuberkulose[1]). Anders ist das Verhältnis bei den männlichen Tabakarbeitern dieser Kasse. Indessen gehören zu diesen eine grössere Anzahl Zigarrenarbeiter, und dann sind gerade die in der Zigarettenindustrie tätigen männlichen Arbeitskräfte der Staubgefahr bedeutend mehr ausgesetzt, da sie das Schneiden und Auflockern des Tabaks ausschliesslich besorgen.

Die Zahlen sind folgende: Auf je 100 Erkrankungsfälle bei männlichen Mitgliedern kamen in den Jahren 1900—1903

	bei den Tabak- arbeitern	bei allen Kassen- mitgliedern
Tuberkulose	3,3	2,4
Blutarmut	2,1	1,2
Krankheiten des Herzens . . .	2,1	1,6
Krankheiten der Atmungsorgane	24,1	15,9
Krankheiten d. Verdauungsorgane	16,8	13,4
Krankheiten der Harn- und Geschlechtsorgane	2,8	1,5

Augenerkrankungen.

An sonstigen Schleimhauterkrankungen sind noch zu erwähnen: Bindehautkatarrhe, welche nach Stephani[2]) mehr durch Schmutz wie durch Tabakstaub zustande kommen. Der reizende Einfluss der Aus-

---

1) Bormann, l. c. S. 107.
2) l. c. S. 643.

dünstungen bei der Schnupftabakfabrikation ist indessen rein gewerblicher und spezifischer Art. Ihre Wirkung wurde bereits erwähnt. Bei der geringen Arbeiterzahl hat dieselbe kein grösseres Interesse.

Sehstörungen infolge der sogenannten Tabaksamblyopie kommen bei Tabakarbeitern, besonders Frauen nicht vor[1]). Wenn sie vorkommen, sind sie jedenfalls eine Folge des Rauchens, nicht aber der Arbeit. So ist das Resultat eines amerikanischen Forschers zu erklären, welcher 20 Arbeiter einer Zigarrenfabrik im Alter von 35—68 Jahren untersuchte, die starke Raucher waren[2]). Bei fünf derselben war die Sehschärfe stark herabgesetzt, bei der Hälfte letzterer fast bis zur Erblindung (auf einem Auge). Zugleich zeigte sich ausgesprochene Farbenblindheit in verschiedenen Modifikationen. Dieser schädliche Einfluss des Tabakgenusses trat selten vor dem 30. Lebensjahre auf.

Hautkrankheiten.

An Hautkrankheiten erwähnen Rosenfeld und Stephani Zellgewebsentzündung, ersterer auch noch Erysipel, infolge des „scharfen" vegetabilischen Tabakstaubes.

Mir selbst sind derartige Krankheiten in grösserer Zahl nicht aufgefallen, und die „Schärfe" dürfte auch nur bei den sogenannten Stengeln zu finden sein, nachdem dieselben geschnitten sind.

Ebensowenig ist mir der professionelle Lichen an den unbedeckten Hautregionen (Gesicht, Hals, Vorderarmen und Händen) aufgefallen, welchen Eulenberg[3]) erwähnt. Eulenberg erblickt die Ursache in der Einwirkung des Tabakstaubes sowie schlechter Wohnungsverhältnisse und in der Unsauberkeit.

Unfälle.

Die Zahl der Unfälle in der Tabakindustrie ist gering. Es nimmt uns das nicht wunder, wenn wir bedenken, dass Maschinen eigentlich nur in der Zigarettenindustrie in Anwendung gelangen, abgesehen von

---

1) Stephani, l. c. S. 643.
2) Francis Darling, M. D. Cincinnati, Einfluss des Tabaks auf die Augen. The Lancet-Clinic. 1908. Nr. 24. Referat in der Zeitschr. f. Medizinalbeamte. 1909. Bd. 22. S. 347.
3) Eulenberg, S. 919.

der vereinzelten Benutzung von Wickelmaschinen in der Zigarrenfabrikation. Da diese Unfälle nichts Charakteristisches bieten, so er-
übrigt sich ein näheres Eingehen auf dieselben.

Eine Uebersicht nach den Zahlen des Reichsversicherungsamtes
über die von der Tabakberufsgenossenschaft entschädigten Unfälle
findet sich bei Stephani[1]).

Aus den obigen Darlegungen geht hervor, dass die in der Tabakindustrie beschäftigten Personen in mancherlei Beziehung gesundheitlichen Schädigungen ausgesetzt sind, welche sich wohl nicht immer
ganz beseitigen, aber doch in vieler Hinsicht bessern lassen. Welcher
Art die Gewerbeschädigungen sind, hoffe ich an der Hand des mir zu-
gänglichen Materials gezeigt zu haben. Sie nach Möglichkeit zu beseitigen, ist Sache der Interessentenkreise, der Gesetzgebung und Ver-
waltung. Mittel und Wege sind nicht schwer zu finden.

---

1) l. c. S. 643.

Anlagen 1—5 siehe folgende Seiten.

Anlage 1.

Im Jahre 1895 ergab die Gewerbezählung an gewerbetätigen Personen in der Tabakindustrie:

	Haupt-betriebe	Arbeiter		
		männl.	weibl.	zusammen
Provinz Ostpreussen	46	175	713	888
„ Westpreussen	60	410	2 025	2 435
Stadt Berlin	1 123	2 304	1 230	3 534
Provinz Brandenburg	950	3 483	2 306	5 789
„ Pommern	101	468	270	738
„ Posen	147	805	1 181	1 986
„ Schlesien	890	3 863	6 868	10 731
„ Sachsen	1 324	3 807	4 175	7 982
„ Schleswig-Holstein . . .	1 067	2 981	670	3 651
„ Hannover	991	4 174	1 370	5 544
„ Westfalen	2 270	9 666	5 451	15 117
„ Hessen-Nassau	376	3 077	3 791	6 868
„ Rheinland	829	5 086	4 012	9 098
Hohenzollern	1	1	—	1
Königreich Preussen	10 175	40 300	34 062	74 362
Bayern	370	2 412	3 751	6 163
Sachsen	4 895	7 234	9 324	16 558
Württemberg	161	1 281	2 220	3 501
Baden	717	10 237	18 361	28 598
Hessen	227	3 531	5 307	8 838
Mecklenburg-Schwerin	201	531	80	611
Sachsen-Weimar	65	275	214	489
Mecklenburg-Strelitz	32	70	6	76
Oldenburg	192	755	51	806
Braunschweig	212	927	253	1 180
Sachsen-Meiningen	31	136	177	313
Sachsen-Altenburg	248	562	1 022	1 584
Sachsen-Coburg-Gotha	39	69	95	164
Anhalt	141	415	272	687
Schwarzburg-Sondershausen . . .	2	2	—	2
Schwarzburg-Rudolstadt	8	47	115	162
Waldeck	146	265	286	551
Reuss ältere Linie	10	25	8	33
„ jüngere Linie	74	267	413	680
Schaumburg-Lippe	3	24	—	24
Lippe	203	614	346	960
Lübeck	39	169	25	194
Bremen	453	1 560	445	2 005
Hamburg	669	2 252	351	2 603
Elsass-Lothringen	44	448	1 448	1 936
Deutsches Reich	19 357	74 448	78 632	153 080

Anlage 2.

| | Zahl d. antwortenden Firmen | Zahl der Firmen, | | Zahl der Firmen, deren Hausarbeiter | | | Alter der beschäftigten Kinder | Arbeitszeit |
		welche Hausarbeiter beschäftigen	welche keine Hausarbeiter beschäftigen	keine Kinder beschäftigen	nur bzw. vorwieg. eigene Kinder beschäftigen	eigene und fremde Kinder beschäftigen		Stunden
Westfalen, Landdrostei Osnabrück, Lippe, Waldeck	52	48	4	9	43		6—14	unkontrollierbar
Sachsen-Altenburg und das übrige Thüringen .	10	10	—	?	4	?	10—14	1—4
Rheinprovinz	22	13	9	—	2	—	11—14	4—5
Hildesheim, Hann. Minden, Braunschweig . .	5	4	1	5	—	—	—	—
Anhalt	2	2	—	—	1	—	12—14	3—4
Hamburg-Altona, Ottensen	31	28	3	—	14	—	11—15	3—5
Bremen und Umgegend und Oldenburg . . .	26	20	6	—	11	—	9—14	3—4—5
Hessen, Frankf.-Hanau .	23	17	6	23	—	—	—	—
Hessen-Nassau . . .	4	3	1	Kinderarbeit selten			—	—
Baden	18	6	12	Kinder (meist eigene) nur selten beschäftigt			—	4—6
Bayern	Berichte aus Nürnberg, Fürth, Speier, Würzburg besagen, dass dort keine Hausindustrie existiert						—	—
Württemberg	2	1	1	4	—	—	—	—
Königr. Sachsen . . .	70	65	5	20	44		6—15	3—7
Provinz Sachsen . . .	11	11	—	—	—	5	8—14	1—6
Brandenburg u. Preussen	7	5	2	—	4	—	10—14	—
Schlesien	8	3	5	—	—	1	14—16	10
	291	236	55	61	129		—	—

Anlage 3.

Lohnerhebungen über die Zigarrenarbeiter von 30 Fabriken (Durchschnitts-berechnung aus 2 Winter- und 2 Sommerwochen), nach Wörishoffer S. 57.

Nach Beschäftigung, Alter u. Geschlecht unterschiedene Arbeiterkategorien	Durchschnittliche Zahl der Arbeiter in jeder Klasse										Summa der Arbeiter
	Wochenverdienst in Mark										
	15 M. u. darüber	12—15 M.	10—12 M.	9—10 M.	8—9 M.	7—8 M.	6—7 M.	5—6 M.	4—5 M.	unter 4 M.	
Werkführer	34	3	2	—	—	—	—	—	—	—	39
Zigarrenarbeiter:											
männl. über 16 J.	14	65	108	65	54	49	35	20	7	6	423
„ von 14—16 J.	—	—	—	—	—	—	—	2	—	—	2
„ „ 12—14 J.	—	—	—	—	—	—	—	—	—	—	—
weibl. über 16 J.	2	66	147	117	131	117	92	52	20	12	756
„ von 14—16 J.	—	—	—	—	—	—	—	1	—	—	1
Wickelmacher:											
männl. über 16 J.	—	—	1	9	14	11	19	45	28	13	140
„ von 14—16 J.	—	—	—	—	—	3	17	24	39	45	128
weibl. über 16 J.	—	—	2	4	15	26	57	104	70	30	308
„ von 14—16 J.	—	—	—	—	6	11	20	50	58	59	204
„ „ 12—14 J.	—	—	—	—	—	—	—	—	5	57	62
Ausripper: männl.. .	—	—	1	1	—	—	3	—	2	13	20
weibl.. .	—	—	—	2	8	31	70	48	39	31	229
Sortierer: männl . .	1	5	—	—	—	1	4	—	—	1	12
weibl.. .	11	35	44	19	8	14	6	4	10	2	153
Packer u. Kistenmacher											
männl.. .	1	6	9	3	3	2	—	3	4	3	34
weibl.. .	—	3	11	3	1	10	14	14	3	5	64
Sonstige: männl.. .	9	13	22	9	8	5	6	6	2	2	82
weibl.. .	—	—	4	1	9	—	3	2	2	4	25
Summa	72	196	351	233	257	280	346	375	297	340	2747
in Prozenten	2,62	7,13	12,78	8,49	9,36	10,20	12,60	13,63	10,81	12,38	100

Auf je 100 Fabrikarbeiter kommen:

Krankheiten	bei allen Fabrik- arbeitern	in der Textil- industrie	in den Tabak- fabriken
1. Entwicklungskrankheiten	0,55	0,68	2,12
darunter Menstruationsanomalien	0,59	0,43	1,02
2. Infektionskrankheiten	18,53	18,02	21,22
darunter Rotlauf	0,48	0,51	1,01
Zellgewebsentzündung	1,68	1,13	1,50
Lungenentzündung	0,97	0,73	0,62
Tuberkulose	1,25	1,70	1,73
Influenza	11,95	11,72	14,64
3. Venerische und syphilitische Krankheiten	0,17	0,06	—
4. Neubildungen	0,18	0,16	0,12
5. Krankheiten des Blutes und mehrsitzige	7,16	5,60	6,60
darunter Chlorose und Anämie	0,77	1,32	1,92
akuter Rheumatismus	4,90	2,95	2,73
6. Krankheiten des Nervensystems	2,08	1,71	2,42
darunter Neuralgien	1,66	1,35	1,92
7. Krankheiten des Auges	1,33	1,15	1,45
darunter Bindehautkrankheit exkl. Trachom	0,53	0,40	0,80
8. Krankheiten des Ohres	0,23	0,21	0,22
9. Krankheiten der Atmungsorgane	8,30	6,90	6,85
darunter Kehlkopfkrankheiten	0,57	0,44	0,33
akuter Bronchialkatarrh	4,66	3,38	3,30
chronischer Bronchialkatarrh	0,99	0,91	1,82
Lungenemphysem	0,36	0,31	0,34
10. Krankheiten der Zirkulationsorgane	0,62	0,49	0,66
11. Krankheiten der Verdauungsorgane	10,70	8,51	11,61
darunter Zahnkrankheiten	0,93	0,76	1,26
Mandel- und Rachenkrankheiten	1,91	1,50	2,51
akuter Magenkatarrh	3,88	3,15	3,43
chronischer Magenkatarrh	0,75	0,89	0,93
akuter Darmkatarrh	2,07	1,15	2,08
chronischer Darmkatarrh	0,25	0,22	0,45
12. Krankheiten der Harn- u. Geschlechtsorgane	0,66	0,58	1,53
13. Krankheiten der Haut	2,14	1,84	1,60
darunter akute Hautentzündung	0,63	0,49	0,31
Ekzem	0,36	0,30	0,45
durch pflanzliche Parasiten	0,02	0,01	0,07
14. Krankheiten der Bewegungsorgane	1,36	1,15	0,93
15. Verletzungen	6,20	2,98	1,65
16. Unbestimmte Diagnosen	0,43	0,57	0,10
17. Vergiftungen	0,04	—	—
18. Selbstmorde	—	0,01	—
19. Entbindungen	8,46	7,61	13,43
darunter Frühgeburten	0,14	0,12	0,27
Summe inkl. Entbindungen	60,71	50,61	59,07
exkl. Entbindungen	57,89	46,41	47,03

Vergleichende Uebersicht über die Gesamt-
im Königreich Preussen, in der Provinz Westfalen, dem Regierungsbezirk Minden
1904/1909 getrennt nach Stadt- und Landgemeinden und nach dem

Stadt, Bezirk, Kreis	A. Gesamtsterblichkeit. Von 10 000 Lebenden starben überhaupt:								
	1880/85			1904/1909			also von 1880/1909 weniger		
	m.	w.	zus.	m.	w.	zus.	m.	w.	zus.
I. Königreich									
Stadtgemeinden	280,0	242,5	261,3	186,3	194,4	174,5	93,7	79,9	86,8
Landgemeinden	262,7	235,6	249,2	191,7	162,6	187,2	71,0	53,0	62,0
zusammen	268,0	237,6	252,8	220,7	182,6	207,5	47,3	43,2	45,3
II. Provinz									
Stadtgemeinden	270,8	241,3	256,1	180,7	159,2	170,0	90,1	82,1	86,1
Landgemeinden	231,1	223,1	227,1	168,2	158,8	163,5	62,9	64,3	63,6
zusammen	244,3	229,2	236,7	173,7	159,0	166,3	70,6	70,2	70,4
III. Regierungs-									
Stadtgemeinden	240,0	221,8	230,9	147,8	136,1	142,0	92,2	85,7	88,9
Landgemeinden	237,1	223,1	230,1	158,8	155,6	157,2	78,3	67,5	72,9
zusammen	238,1	222,9	230,5	155,1	149,1	152,1	83,0	73,8	78,4
IV. Kreise des Regierungs-									
1. Minden Stadtgem.	211,0	204,1	207,6	148,4	147,4	147,9	62,2	56,7	59,7
Landgem.	246,3	231,3	238,8	146,4	147,2	146,8	99,9	84,1	92,0
zusammen	236,2	223,5	229,9	146,9	147,2	147,1	89,3	76,3	82,8
2. Lübbecke Stadtgem.	239,5	271,5	255,5	179,5	159,2	169,3	60,0	112,3	86,2
Landgem.	250,8	238,7	239,8	156,2	159,2	157,7	94,6	79,5	82,1
zusammen	250,1	240,7	245,4	157,7	159,2	158,0	92,4	81,5	87,4
3. Herford Stadtgem.	242,8	230,1	236,5	170,4	148,2	159,3	72,4	81,9	77,2
Landgem.	235,6	231,4	233,5	147,3	152,9	150,1	88,3	78,5	83,4
zusammen	237,4	231,1	234,3	155,0	151,3	153,2	82,4	79,8	81,1
4. Bielefeld Stadtgem.	237,8	198,0	217,9	127,5	109,3	118,4	110,3	88,7	99,5
5. Bielefeld Landgem.	242,0	213,7	227,8	170,9	158,8	164,8	71,1	54,9	63,0
6. Halle Stadtgem.	263,4	218,9	241,2	168,2	151,2	159,7	95,2	67,7	81,5
Landgem.	192,7	174,2	183,5	138,4	144,8	141,6	54,3	29,4	41,9
zusammen	208,4	184,1	196,3	145,0	146,2	145,6	63,4	37,9	50,7
7. Wieden- Stadtgem.	231,5	225,5	228,5	179,3	152,5	165,9	52,2	73,0	62,6
brück Landgem.	208,1	189,2	198,7	152,1	129,5	140,8	56,0	59,7	57,9
zusammen	214,8	199,4	203,6	159,9	136,1	148,0	54,9	63,3	55,6
8. Paderborn Stadtgem.	241,0	235,5	238,2	162,1	163,0	162,6	78,9	72,5	75,6
Landgem.	218,5	218,7	218,6	164,4	161,8	163,1	54,1	56,9	55,5
zusammen	227,5	225,4	226,5	163,3	162,4	162,9	64,2	63,0	63,6
9. Büren Stadtgem.	322,0	274,3	298,1	164,5	175,9	169,9	157,5	98,9	128,8
Landgem.	221,1	221,2	221,1	166,8	161,2	164,0	54,3	60,0	57,7
zusammen	226,7	224,1	225,4	166,7	162,2	164,5	60,0	61,9	60,9
10. Höxter Stadtgem.	271,8	245,6	258,7	162,6	164,6	163,6	109,2	81,0	95,1
Landgem.	256,0	252,5	254,2	178,3	172,5	175,4	77,7	80,0	78,8
zusammen	262,3	249,7	256,0	172,0	169,3	170,7	90,3	80,4	85,3
11. Warburg Stadtgem.	227,2	198,0	212,6	144,6	133,0	138,8	82,6	65,0	73,8
Landgem.	264,0	233,4	248,7	158,3	170,6	164,5	105,7	62,8	84,2
zusammen	256,6	226,3	241,5	155,6	163,1	159,4	101,0	63,2	82,1

sterblichkeit und Tuberkulosesterblichkeit
und in den Kreisen des Regierungsbezirks Minden, während der Jahre 1880/85 und
Geschlecht der Verstorbenen auf 10 000 Lebende berechnet.

| B. Tuberkulosesterblichkeit. Von 10 000 Lebenden starben an Tuberkulose: | | | | | | | | | Stadt, Bezirk, Kreis |
| 1880/85 | | | 1904/1909 | | | also von 1880/1909 weniger | | | |
m.	w.	zus.	m.	w.	zus.	m.	w.	zus.	
Preussen.									
40,8	30,6	35,7	21,4	19,1	20,3	19,4	11,5	15,4	Stadtgemeinden
30,2	27,1	28,7	16,1	15,7	15,9	14,1	11,4	12,8	Landgemeinden
33,9	28,3	30,2	19,3	17,1	18,2	14,6	11,2	12,0	zusammen
Westfalen.									
56,7	48,1	52,4	19,6	16,3	18,1	37,1	31,6	34,3	Stadtgemeinden
43,4	44,6	44,0	17,1	18,2	17,7	26,3	26,4	26,3	Landgemeinden
47,8	45,8	46,8	19,2	17,4	18,3	28,6	28,4	28,5	zusammen
bezirk Minden.									
46,7	43,5	45,1	18,6	17,9	18,3	28,1	25,6	26,8	Stadtgemeinden
43,6	46,6	45,1	19,2	22,2	20,7	24,4	24,4	24,4	Landgemeinden
44,6	45,4	45,0	19,0	20,8	19,9	25,6	24,6	25,1	zusammen
bezirks Minden.									
40,4	33,9	37,2	16,0	15,6	15,8	24,4	18,3	21,4	1. Minden Stadtgem.
41,8	43,7	42,8	16,8	19,1	18,0	25,0	24,6	24,8	Landgem.
41,4	40,9	41,2	16,5	18,1	17,3	24,9	22,8	23,9	zusammen
50,4	71.0	60,7	24,2	24,0	24,1	26,2	47,0	36,6	2. Lübbecke Stadtgem.
58,2	65,9	62,1	20,0	26,7	23,4	38,2	39,2	38,7	Landgem.
57,7	66,2	62,0	20,3	26,5	23,4	37,4	39,7	38,6	zusammen
43,4	43,4	43,4	19,1	15,3	17,2	24,3	28,1	26,2	3. Herford Stadtgem.
43,5	54,8	49,7	19,3	23,9	22,6	24,2	30,9	27,1	Landgem.
43,5	51,9	47,7	19,2	21,0	20,1	24,3	30,9	27,6	zusammen
46,8	38,0	42,4	17,8	13,1	15,5	29,0	24,8	26,9	4. Bielefeld Stadtgem.
43,7	41,6	42,7	19,2	20,5	19,0	24,5	21,1	22,8	5. Bielefeld Landgem.
72,6	50,2	61,4	20,3	19,4	19,8	52,3	30,8	41,6	6. Halle Stadtgem.
47,3	44,2	45,8	15,7	17,0	16,4	31,6	27,2	29,4	Landgem.
52,9	45,6	49,3	16,7	17,5	17,1	36,2	28,1	32,2	zusammen
59,3	53,3	56,3	26,8	28,0	27,4	32,5	25,3	28,9	7. Wieden- Stadtgem.
46,5	42.1	44,3	16,0	18,9	17,5	30,5	23,2	26,8	brück Landgem.
50,2	45,3	47,8	19,1	21,5	20,3	31,1	23,8	27,5	zusammen
51,1	56,2	53,7	18,0	24,7	21,4	33,1	31,5	32,2	8. Paderborn Stadtgem.
45,9	50,0	48,0	31,0	26,8	28,9	14,9	23,2	19,1	Landgem.
48,0	52,5	50,3	25,0	25,7	25,4	23,0	26,8	24,9	zusammen
68,6	59,9	64.3	22,3	32,7	26,5	46,3	27,2	36,8	9. Büren Stadtgem.
39,5	46,8	43.2	17,2	20,6	18,9	22,3	26,2	24,3	Landgem.
41,1	47,5	44,3	17,5	21,3	19,4	23,6	26,2	24,9	zusammen
36,5	40,2	38,4	19,2	24,3	21,8	17,3	15,9	16,6	10. Höxter Stadtgem.
28,0	34,0	31,0	17,5	21,8	19,7	10,5	12,2	11,3	Landgem.
31,4	36,5	34,0	18,2	22,8	20,5	13,2	13,7	13,5	zusammen
41,4	32,1	36,8	19,1	17,3	18,2	22,3	14,8	18,6	11. Warburg Stadtgem.
36,7	31,7	34.2	17,4	22,1	19,8	19,3	9,6	14,4	Landgem.
37,6	31,8	34,7	17,7	21,1	19,4	19,9	10,7	15,3	zusammen